全国高等院校应用型创新规划教材　计算机系列

ASP.NET 应用开发实例教程

卢守东　编著

清华大学出版社
北　京

内容简介

本书以应用为导向，以实用为原则，以能力提升为目标，以典型实例与完整案例为依托，遵循程序设计与案例教学的基本思想，全面介绍基于 ASP.NET 的 Web 应用开发的主要技术。全书共分为 8 章，包括 ASP.NET 概述、C#编程基础、ASP.NET 服务器控件、ASP.NET 内置对象、SQL Server 数据库应用基础、ADO.NET 数据库访问技术、ASP.NET AJAX 编程技术与 ASP.NET 应用案例，并附有相应的思考题与实验指导。

本书内容全面，面向应用，示例翔实，解析到位，编排合理，结构清晰，循序渐进，准确严谨，注重应用开发能力的培养，可作为各高校本科或高职高专计算机、电子商务、信息管理与信息系统及相关专业 ASP.NET 程序设计、Web 程序设计、动态网站开发等课程的教材或教学参考书，也可作为 ASP.NET 程序设计人员的技术参考书以及初学者的自学教程。

本书所有示例的代码均已通过调试，并能成功运行，其开发环境为 Windows 7、Visual Studio 2010 与 SQL Server 2008。

本书封面贴有清华大学出版社防伪标签，无标签者不得销售。
版权所有，侵权必究。举报：010-62782989，beiqinquan@tup.tsinghua.edu.cn。

图书在版编目(CIP)数据

ASP.NET 应用开发实例教程/卢守东编著. —北京：清华大学出版社，2019 (2024.2 重印)
(全国高等院校应用型创新规划教材　计算机系列)
ISBN 978-7-302-52506-6

Ⅰ. ①A… Ⅱ. ①卢… Ⅲ. ①网页制作工具—程序设计—高等学校—教材 Ⅳ. ①TP393.092.2

中国版本图书馆 CIP 数据核字(2019)第 043706 号

责任编辑：孟　攀
封面设计：杨玉兰
责任校对：王明明
责任印制：宋　林

出版发行：清华大学出版社
网　　址：https://www.tup.com.cn, https://www.wqxuetang.com
地　　址：北京清华大学学研大厦 A 座　　邮　编：100084
社 总 机：010-83470000　　邮　购：010-62786544
投稿与读者服务：010-62776969, c-service@tup.tsinghua.edu.cn
质量反馈：010-62772015, zhiliang@tup.tsinghua.edu.cn
课件下载：https://www.tup.com.cn, 010-62791865

印 装 者：三河市龙大印装有限公司
经　　销：全国新华书店
开　　本：185mm×260mm　　印　张：19.75　　字　数：480 千字
版　　次：2019 年 4 月第 1 版　　印　次：2024 年 2 月第 6 次印刷
定　　价：59.00 元

产品编号：079949-01

前　　言

　　ASP.NET 是 Microsoft 公司推出的新一代 Web 应用程序或动态网站开发技术，也是目前 Web 应用开发领域的主流技术之一，其实际应用亦相当广泛。为满足社会不断发展的实际需求，并提高学生的专业技能与就业能力，多数高校的计算机、电子商务、信息管理与信息系统等相关专业均开设了 ASP.NET 程序设计、ASP.NET 开发技术等 ASP.NET 应用开发类课程。

　　为满足 ASP.NET 教学的实际需要，作者结合自身多年的教学实践经验，以所写讲义为基础编成本书，以应用为导向，以实用为原则，以能力提升为目标，以典型实例与完整案例为依托，遵循程序设计与案例教学的基本思想，结合教学规律与开发需求，按照由浅入深、循序渐进的原则，全面介绍基于 ASP.NET 的 Web 应用开发的主要技术。

　　本书共包括 8 章。第 1 章为 ASP.NET 概述，主要介绍 ASP.NET 的概况，讲解 ASP.NET 应用开发工具的基本用法与运行环境的搭建方法，并通过具体实例说明 ASP.NET 应用程序的创建与部署方法；第 2 章为 C#编程基础，主要介绍 C#的概况，讲解 C#的基本语法，并通过具体实例说明 C#基本语句的使用方法、类与对象的基本用法以及命名空间的定义与引用方法，同时介绍 C#中常用系统类的有关属性与主要方法；第 3 章为 ASP.NET 服务器控件，主要介绍 ASP.NET 服务器控件的概况，并通过具体实例讲解各类 ASP.NET 标准控件的主要用法、各种 ASP.NET 验证控件的基本用法以及 ASP.NET 用户控件的创建与使用方法；第 4 章为 ASP.NET 内置对象，主要介绍 ASP.NET 内置对象的概况，并通过具体实例讲解各种 ASP.NET 内置对象的基本用法；第 5 章为 SQL Server 数据库应用基础，主要介绍 SQL Server 的概况，并通过具体实例讲解 SQL Server 的安装与设置方法、SQL Server 数据库管理的基本技术以及常用 SQL 语句的基本用法；第 6 章为 ADO.NET 数据库访问技术，主要介绍 ADO.NET 的概况，并通过具体实例讲解 ADO.NET 常用对象的主要用法、常用服务器端数据访问控件的基本用法以及 DataSet 的典型应用模式；第 7 章为 ASP.NET AJAX 编程技术，主要介绍 AJAX 技术的概况、ASP.NET AJAX 的技术框架与 ASP.NET AJAX Extensions 的使用要点，并通过具体实例讲解各种 ASP.NET AJAX 服务器端控件的基本用法；第 8 章为 ASP.NET 应用案例，主要以一个简单的人事管理系统为例，分析系统的基本需求与用户类型，完成系统的功能模块设计与数据库结构设计，并采用 ASP.NET+SQL Server 模式加以实现。全书各章均有"本章要点""学习目标"与"本章小结"，既便于抓住重点、明确目标，也利于"温故而知新"。书中的诸多内容均设有相应的"说明""提示""注意"等知识点，以便于读者的理解与提高。此外，各章均安排有相应的思考题，以利于读者的及时回顾与检测。书末还附有相应的实验指导，以便于读者的上机实践。综观全书，设计精心、结构清晰、编排合理、示例翔实、解析到位，集系统性与条理性于一身，融实用性与技巧性于一体，颇具特色。

　　本书以适度与实用为原则，内容全面，面向应用，语言流畅，准确严谨，通俗易懂，贴近实际应用开发的技术需求，注重具体应用开发的能力培养，可充分满足课程教学的实际需要，适合各个层面、各种水平的读者，既可作为各高校本科或高职高专计算机、电子商务、信息管理与信息系统及相关专业 ASP.NET 程序设计、Web 程序设计、动态网站开发等课程的教材或教学参考书，也可作为 ASP.NET 程序设计人员的技术参考书以及初学者的自学教程。

本书所有示例的代码均已通过调试，并能成功运行，其开发环境为 Windows 7、Visual Studio 2010 与 SQL Server 2008。作为参考，也为便于教学，本书提供了相应的教学资源（包括教学大纲、PPT 课件以及完整的示例源码等），可从出版社的官网免费下载。

本书的写作与出版，得到了作者所在单位及清华大学出版社的大力支持与帮助，在此表示衷心感谢。在紧张的写作过程中，自始至终也得到了家人、同事的理解与支持，在此也一起深表谢意。

由于作者经验不足、水平有限，书中不妥之处在所难免，恳请广大读者多加指正、不吝赐教。

编　者

目 录

第1章 ASP.NET 概述 1
1.1 ASP.NET 简介 2
1.2 ASP.NET 应用的开发工具 2
1.2.1 Visual Studio 简介 2
1.2.2 Visual Studio 的安装 3
1.2.3 Visual Studio 的使用 3
1.3 ASP.NET 应用的运行环境 8
1.3.1 IIS 的安装 8
1.3.2 .NET 框架的安装 9
1.4 ASP.NET 应用程序的创建 10
1.5 ASP.NET 应用程序的部署 13
本章小结 14
思考题 14

第2章 C#编程基础 15
2.1 C#简介 16
2.2 语法基础 16
2.2.1 数据类型 16
2.2.2 常量 18
2.2.3 变量 19
2.2.4 类型转换 20
2.2.5 运算符与表达式 22
2.2.6 数组 24
2.3 基本语句 27
2.3.1 分支语句 27
2.3.2 循环语句 30
2.3.3 跳转语句 33
2.3.4 异常处理语句 35
2.4 类与对象 37
2.4.1 类的声明 37
2.4.2 类的成员 38
2.4.3 对象的创建与使用 40
2.5 命名空间 42
2.5.1 命名空间的引用 43
2.5.2 命名空间的定义 43
2.6 常用系统类 43
2.6.1 DateTime 类 43
2.6.2 Math 类 44
2.6.3 Random 类 44
2.6.4 String 类 45
2.7 程序设计实例 45
本章小结 47
思考题 47

第3章 ASP.NET 服务器控件 49
3.1 服务器控件简介 50
3.1.1 服务器控件的分类 50
3.1.2 服务器控件的添加与删除 51
3.1.3 服务器控件的属性、方法与事件 51
3.2 标准控件 55
3.2.1 标签控件 55
3.2.2 文本框控件 55
3.2.3 按钮类控件 57
3.2.4 选择类控件 61
3.2.5 图形类控件 75
3.2.6 链接类控件 79
3.2.7 日历控件 80
3.2.8 文件上传控件 82
3.2.9 表格控件 85
3.2.10 容器控件 87
3.3 验证控件 89
3.3.1 RequireFieldValidator 控件 89
3.3.2 RangeValidator 控件 90
3.3.3 CompareValidator 控件 90
3.3.4 RegularExpressionValidator 控件 91
3.3.5 CustomValidator 控件 91
3.3.6 ValidationSummary 控件 92

3.4 用户控件...97
　3.4.1 用户控件的创建.................................97
　3.4.2 用户控件的添加...............................100
　3.4.3 构成控件的属性访问.........................102
本章小结...103
思考题...103

第 4 章 ASP.NET 内置对象.................105

4.1 内置对象简介...................................106
4.2 Page 对象..106
　4.2.1 Page 对象的常用属性.......................106
　4.2.2 Page 对象的常用方法.......................106
　4.2.3 Page 对象的常用事件.......................107
　4.2.4 Page 对象的应用实例.......................107
4.3 Response 对象..................................108
　4.3.1 Response 对象的常用属性...............108
　4.3.2 Response 对象的常用集合...............109
　4.3.3 Response 对象的常用方法...............109
　4.3.4 Response 对象的应用实例...............109
4.4 Request 对象....................................114
　4.4.1 Request 对象的常用属性.................114
　4.4.2 Request 对象的常用集合.................116
　4.4.3 Request 对象的常用方法.................122
　4.4.4 Request 对象的应用实例.................122
4.5 Application 对象.............................123
　4.5.1 Application 对象的常用
　　　　集合..124
　4.5.2 Application 对象的常用
　　　　属性..125
　4.5.3 Application 对象的常用
　　　　方法..126
　4.5.4 Application 对象的常用
　　　　事件..128
　4.5.5 Application 对象的应用
　　　　实例..129
4.6 Session 对象....................................131
　4.6.1 Session 对象的常用集合.................131
　4.6.2 Session 对象的常用属性.................133
　4.6.3 Session 对象的常用方法.................134

　4.6.4 Session 对象的常用事件.................136
　4.6.5 Session 对象的应用实例.................138
4.7 Server 对象......................................140
　4.7.1 Server 对象的常用属性...................140
　4.7.2 Server 对象的常用方法...................140
　4.7.3 Server 对象的应用实例...................141
本章小结...145
思考题...145

第 5 章 SQL Server 数据库
　　　　应用基础.................................147

5.1 SQL Server 简介..............................148
5.2 SQL Server 的安装与设置..............148
　5.2.1 SQL Server 的安装..........................148
　5.2.2 SQL Server 的设置..........................148
5.3 SQL Server 的数据库管理..............153
　5.3.1 数据库的基本操作.........................154
　5.3.2 表的基本操作.................................157
5.4 常用的 SQL 语句.............................161
　5.4.1 SQL 语句的编写与执行.................162
　5.4.2 插入(INSERT)语句........................163
　5.4.3 更新(UPDATE)语句......................163
　5.4.4 删除(DELETE)语句......................163
　5.4.5 查询(SELECT)语句......................164
本章小结...168
思考题...168

第 6 章 ADO.NET 数据库访问技术....169

6.1 ADO.NET 简介................................170
　6.1.1 ADO.NET 的结构...........................170
　6.1.2 ADO.NET 的命名空间...................172
6.2 ADO.NET 常用对象.......................172
　6.2.1 Connection 对象............................172
　6.2.2 Command 对象..............................176
　6.2.3 DataReader 对象............................178
　6.2.4 DataAdapter 对象..........................182
　6.2.5 DataSet 对象..................................182
6.3 服务器端数据访问控件...................184
　6.3.1 GridView 控件................................184

  6.3.2 DataList 控件 195
6.4 DataSet 典型应用实例 202
本章小结 210
思考题 210

第 7 章 ASP.NET AJAX 编程技术 211

7.1 ASP.NET AJAX 基础 212
  7.1.1 AJAX 212
  7.1.2 ASP.NET AJAX 213
  7.1.3 ASP.NET AJAX Extensions ... 213
7.2 ASP.NET AJAX 服务器端控件 214
  7.2.1 ScriptManager 控件 214
  7.2.2 ScriptManagerProxy 控件 215
  7.2.3 UpdatePanel 控件 215
  7.2.4 UpdateProgress 控件 218
  7.2.5 Timer 控件 220
本章小结 222
思考题 222

第 8 章 ASP.NET 应用案例 223

8.1 系统的分析 224

  8.1.1 基本需求 224
  8.1.2 用户类型 224
8.2 系统的设计 224
  8.2.1 功能模块设计 224
  8.2.2 数据库结构设计 225
8.3 系统的实现 226
  8.3.1 数据库的创建 226
  8.3.2 网站的创建 227
  8.3.3 素材文件的准备 227
  8.3.4 登录功能的实现 228
  8.3.5 系统主界面的实现 236
  8.3.6 当前用户功能的实现 242
  8.3.7 用户管理功能的实现 246
  8.3.8 部门管理功能的实现 260
  8.3.9 职工管理功能的实现 273
本章小结 293
思考题 293

附录 A 实验指导 295

第 1 章

ASP.NET 概述

ASP.NET 是 Microsoft 公司推出的新一代 Web 应用程序或动态网站开发技术，也是目前 Web 应用开发领域的主流技术之一，其实际应用已相当广泛。

本章要点：ASP.NET 简介；ASP.NET 应用的开发工具；ASP.NET 应用的运行环境；ASP.NET 应用程序的创建与部署。

学习目标：了解 ASP.NET 的概况；掌握 ASP.NET 应用开发工具的基本用法与运行环境的搭建方法；掌握 ASP.NET 应用程序的创建与部署方法。

1.1 ASP.NET 简介

在当前的应用程序开发领域中，主要有两大编程架构，即 C/S(Client/Server，客户机/服务器)架构与 B/S(Browser/Server，浏览器/服务器)架构。在 C/S 架构中，每台客户机都必须安装专门的客户端应用程序，服务器则通常用于安装相应的数据库管理系统，其任务主要是接收客户端程序的请求，并进行相应的处理，然后再将结果返回给客户端程序。而在 B/S 架构中，每台客户机上只需安装一个 Web 浏览器即可，应用程序是安装在 Web 服务器上的(至于数据库管理系统则可安装在 Web 服务器或专门的数据库服务器上)，浏览器与 Web 服务器之间采用 HTTP 协议进行通信。显然，与 C/S 架构相比，B/S 架构具有应用程序易于升级与维护、客户端零安装与零维护的明显优点，而且整个系统的扩展非常容易。此外，在 B/S 架构中，由于主要的数据分析与处理工作是在服务器中完成的，因此对客户机的配置要求不高，特别适合"瘦客户端"的运行环境。

与基于 C/S 架构的客户端应用程序不同，Web 应用程序是基于 B/S 架构的。在 Web 应用程序开发方面，目前常用的技术主要有 ASP、JSP、PHP、ASP.NET 等。其中，ASP.NET 是 Microsoft 公司所推出的新一代 Web 应用程序或动态网站开发技术。

ASP.NET 是.NET 框架的一部分，可以使用任何.NET 兼容的语言(如 Visual Basic、C# 等)编写 ASP.NET 应用程序。与 JSP、PHP、ASP 等 Web 应用程序开发技术相比，ASP.NET 具有方便、灵活、性能优、效率高、安全性强以及完全面向对象等特性，已成为目前主流的 Web 编程技术之一。

ASP.NET 发展迅猛，版本众多。其第一个版本为 ASP.NET 1.0，于 2002 年 1 月与 Visual Studio .NET 2002 一起由 Microsoft 公司正式发布。此后，Microsoft 公司不断推出更高的 ASP.NET 版本，包括 ASP.NET 1.1、ASP.NET 2.0、ASP.NET 3.0、ASP.NET 3.5、ASP.NET 4.0、ASP.NET 4.5、ASP.NET 4.5.1、ASP.NET 4.5.2 等。在开发 ASP.NET 应用程序时，应注意选定相应的 ASP.NET 版本(通常不应低于 ASP.NET 2.0 版本)。

1.2 ASP.NET 应用的开发工具

对于 ASP.NET 应用程序的开发来说，目前最为常用的开发工具就是 Visual Studio。

1.2.1 Visual Studio 简介

Visual Studio(VS)是 Microsoft 公司推出的一种功能十分强大的软件开发工具或平台，

可用于开发多种不同类型的应用程序，如 ASP.NET Web 应用程序、XML Web Services、桌面应用程序与移动应用程序等。

Visual Studio 将程序设计的相关环节(如界面设计、代码设计、程序调试与发布等)集成在同一个窗口中，极大地方便了开发人员的设计工作。通常将这种集多种功能于一体的开发平台称为集成开发环境(IDE)。在 Visual Studio 中，可使用 Visual Basic、Visual C++、Visual C#、Visual J#等语言进行开发，并可创建混合多种语言的解决方案。

与 ASP.NET 一样，Visual Studio 的版本也为数众多。对于大多数应用的开发来说，只需选用 Visual Studio 2008 或 Visual Studio 2010 即可。其中，Visual Studio 2008 内置的.NET Framework 版本为 3.5，同时提供了对.NET Framework 2.0、3.0 的支持。Visual Studio 2010 内置的.NET Framework 版本为 4.0，同时提供了对.NET Framework 2.0、3.0、3.5 的支持。

1.2.2　Visual Studio 的安装

启动 Visual Studio 安装程序，并按安装向导的提示进行相应的操作，即可完成 Visual Studio 的安装过程，并在"开始"菜单中添加相应的菜单项。

以 Visual Studio 2010 为例，在 Windows 7 中安装完毕后，通过在"开始"菜单中选择"所有程序"→Microsoft Visual Studio 2010→Microsoft Visual Studio 2010 菜单项，即可启动 Visual Studio 2010，并最终打开相应的 Microsoft Visual Studio 窗口(如图 1-1 所示)。

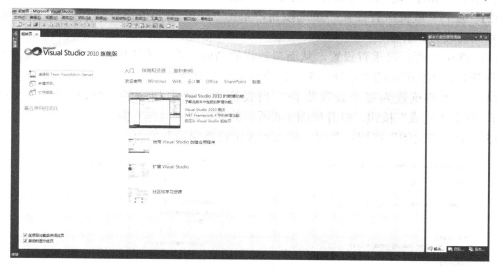

图 1-1　Microsoft Visual Studio 窗口

1.2.3　Visual Studio 的使用

在此，仅简要介绍 Visual Studio 2010 的常用操作与基本用法。

1. 默认环境设置

在首次运行 Visual Studio 2010 时，可根据需要选定相应的默认环境设置(如图 1-2 所示)。此外,在使用过程中,也可根据需要随时改变默认环境设置。为开发 ASP.NET 应用程序,通常应将默认环境设置为"Web 开发"。

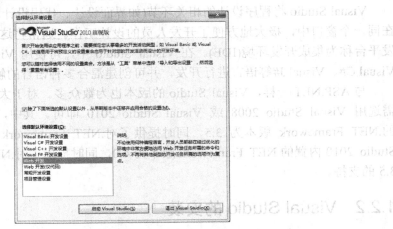

图 1-2 "选择默认环境设置"对话框

【实例 1-1】设置 Visual Studio 2010 的默认开发环境。

操作步骤:

(1) 在 Visual Studio 2010 的主窗口中选择"工具"→"导入和导出设置"菜单项,打开如图 1-3 所示的"导入和导出设置向导"对话框。

(2) 选中"重置所有设置"单选按钮,单击"下一步"按钮,打开如图 1-4 所示的"保存当前设置"界面。

(3) 选中"否,仅重置设置,从而覆盖我的当前设置"单选按钮,单击"下一步"按钮,打开如图 1-5 所示的"选择一个默认设置集合"界面。

(4) 在"要重置为哪个设置集合"列表框中,选中相应的选项(在此为"Web 开发"),单击"完成"按钮,打开如图 1-6 所示的"重置完成"界面。

(5) 单击"关闭"按钮,关闭"导入和导出设置向导"界面。

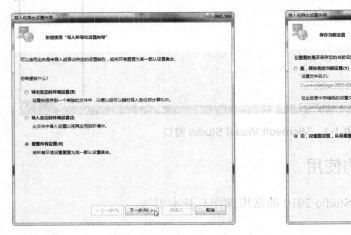

图 1-3 "导入和导出设置向导"界面

图 1-4 "保存当前设置"界面

第 1 章 ASP.NET 概述

图 1-5 "选择一个默认设置集合"界面　　　　图 1-6 "重置完成"界面

2. 创建网站

要使用 Visual Studio 2010 开发 ASP.NET 应用程序，首先要创建一个相应的 ASP.NET 网站。

【实例 1-2】在 Visual Studio 2010 中创建 ASP.NET 网站 WebSite01。

操作步骤：

(1) 在 Visual Studio 2010 的主窗口中选择"文件"→"新建网站"菜单项，打开如图 1-7 所示的"新建网站"对话框。

(2) 在左侧的"模板"列表框中选中"已安装的模板"下的 Visual C#(相当于将开发语言选定为 Visual C#)，并在中部的列表框中选中"ASP.NET 网站"。

图 1-7 "新建网站"对话框

(3) 在"Web 位置"下拉列表框中选择"文件系统"，并指定网站文件的保存位置(在此为 C:\WebSites\WebSite01)。

【说明】在 Visual Studio 中，ASP.NET 网站的创建方式有 3 种。
- 文件系统。使用该方式时，不必安装 IIS 服务。在执行或调试程序时，会自动启动 Visual Studio 自带的用于支持 ASP.NET 程序运行的服务程序——ASP.NET Development Server(ASP.NET 开发服务器)。
- HTTP。使用该方式时，需安装 IIS 服务与 FrontPage 服务器扩展。
- FTP。使用该方式时，需安装 IIS 服务与 FTP 服务。

(4) 在 .NET Framework 下拉列表框中选定 .NET Framework 的版本(在此为 .NET Framework 4)。

【说明】Visual Studio 2010 所支持的 .NET Framework 版本包括 2.0、3.0、3.5 与 4，可在创建网站时根据需要进行选择。

(5) 单击"确定"按钮。

【说明】在新建的 ASP.NET 网站中，包含有一个自动创建的 ASP.NET 页面(或 Web 窗体)Default.aspx，与其相关联的程序代码文件为 Default.aspx.cs。与以前的版本(如 Visual Studio 2008)不同，Visual Studio 2010 自动创建的 Default.aspx 已经不是一个空白的页面，而是一个应用了母版 Site.master 的页面(如图 1-8 所示)。

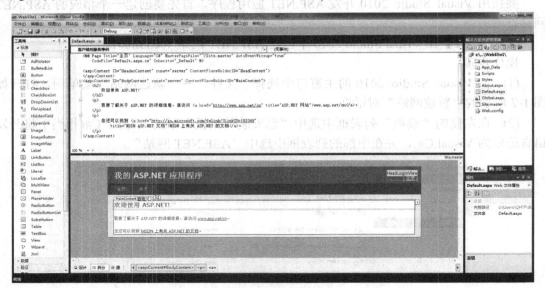

图 1-8 Default.aspx 页面

3. 添加页面

一个网站往往是由一系列的页面来构成的。在开发 ASP.NET 应用程序的过程中，可根据需要逐一添加相应的 ASP.NET 页面。ASP.NET 页面通常又称为 Web 窗体。

【实例 1-3】在网站 WebSite01 中添加一个 ASP.NET 页面 Abc.aspx。

操作步骤：

(1) 在"解决方案资源管理器"子窗口中，右击网站项目，并在其快捷菜单中选择"添加新项"菜单项，打开"添加新项"对话框(如图 1-9 所示)。

第1章 ASP.NET 概述

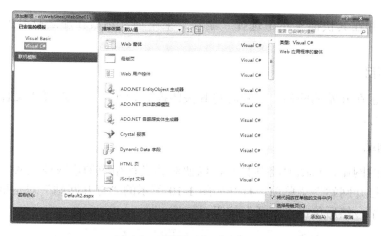

图 1-9 "添加新项"对话框

(2) 在左侧的"模板"列表框中选中"已安装的模板"下的 Visual C#(相当于将开发语言选定为 Visual C#),并在中部的列表框中选中"Web 窗体"。

(3) 在"名称"文本框中输入页面的文件名(在此为 Abc.aspx)。

(4) 单击"添加"按钮。

【提示】ASP.NET 页面默认采用代码隐藏模型,即其程序代码单独保存在相关联的隐藏代码文件中。根据所使用的编程语言的不同,代码文件的扩展名也有所不同。例如,使用 Visual C#时扩展名为.cs,使用 Visual Basic 时扩展名为.vb。实际上,ASP.NET 页面也支持单文件模型,即其程序代码与页面标记一起保存在同一个.aspx 文件中。使用"添加新项"对话框添加 Web 窗体时,若取消"将代码放在单独的文件中"复选框的选中状态,则以单文件方式创建之。

【说明】在 ASP.NET 页面文件中,通常包含有一些以"<%@"开头、"%>"结尾的页面指令。页面指令包含一个或多个与其值成对出现的属性,用于指定页面的设置信息,一般放在文件的开头,必要时也可放在文件内的任何位置。@Page 指令是最常用的一个页面指令,其基本格式为:

```
<%@ Page 属性名="属性值" [属性名="属性值"...]%>
```

@Page 指令的常用属性如下。

- Language: 用于指定所使用的编程语言,如 C#、VB 等。
- AutoEventWireup: 用于指定是否自动与事件相关联(其默认值为 true)。
- CodeFile: 用于指定相应的程序代码文件。
- Inherits: 用于指定所继承的类。

对于新建的 Default.aspx 页面,若使用 Visual C#语言,则其@Page 指令通常为:

```
<%@ Page Language="C#" AutoEventWireup="true" CodeFile="Default.aspx.cs" Inherits="_Default" %>
```

4. 删除页面

对于不再需要的页面,可随时将其删除掉。为此,可在"解决方案资源管理器"子窗口中右击之，并在其快捷菜单中选择"删除"菜单项，然后在随之打开的对话框中单击"确定"按钮。

5. 关闭项目

对于当前正在开发的网站，可随时将其关闭掉。为此，只需选择"文件"→"关闭项目"菜单项即可。

6. 打开网站

对于已有的网站，可随时将其打开，以便对其进行相应的修改或完善。为此，可选择"文件"→"打开网站"菜单项，打开如图1-10所示的"打开网站"对话框，并在其中选定要打开的网站，然后单击"打开"按钮。

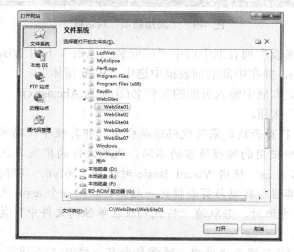

图1-10 "打开网站"对话框

1.3 ASP.NET应用的运行环境

ASP.NET应用程序通常在Windows系统平台上运行，且必须预先在系统中安装好IIS(Internet信息服务)以及相应版本的.NET框架(.NET Framework)。例如，对于ASP.NET 4.0的应用程序来说，所需的.NET框架为.NET Framework 4.0。

1.3.1 IIS的安装

IIS其实就是一种Web服务器。作为Windows操作系统中的一个组件，IIS的安装是极为简单的。

1. 安装IIS

以Windows 7为例，安装IIS的主要步骤为：打开"控制面板"，单击"程序和功能"图标，单击"打开或关闭Windows功能"链接，选中"Internet信息服务"下的"Web管理工具"复选框（如图1-11所示），再选中"万维网服务"下"应用程序开发功能"下的".NET 扩展性""ASP.NET""ISAPI 扩展"与"ISAPI 筛选器"复选框(如图 1-12 所示),最后单击"确定"按钮。

图 1-11 "Windows 功能"对话框(Web 管理工具)

图 1-12 "Windows 功能"对话框(万维网服务)

2. 测试 IIS

打开 IE 浏览器,在地址栏中输入"http://localhost"或"http://127.0.0.1",若能显示如图 1-13 所示的 IIS 7 页面,则说明 IIS 一切正常。

图 1-13 IIS 7 页面

1.3.2 .NET 框架的安装

为安装.NET 框架,应先下载.NET Framework 安装程序,然后再运行之。.NET Framework 安装程序可从微软官方网站或其他有关网站免费下载。

以 .NET Framework 4.0 为例,启动其安装程序后,将打开如图 1-14 所示的"Microsoft .NET Framework 4 安装程序"对话框。按照安装向导的提示完成相应的操作后,即可完成安装过程。

在 Windows 7 系统中，通过控制面板打开"程序和功能"窗口(如图 1-15 所示)，可查看当前系统是否已安装了相应的.NET Framework。

图 1-14 "Microsoft .NET Framework 4 安装程序"对话框

图 1-15 "程序和功能"窗口

【说明】在安装 Visual Studio 的同时，会自动安装其所支持的各个版本的.NET 框架。

1.4 ASP.NET 应用程序的创建

下面，通过具体实例简要说明创建 ASP.NET 应用程序的基本方法与主要步骤。

【实例 1-4】设计一个显示 Hello, World!信息的 ASP.NET 页面 Hello.aspx(如图 1-16 所示)。

图 1-16 "Hello, World!"页面

设计步骤：

(1) 在网站 WebSite01 中添加一个新的 ASP.NET 页面 Hello.aspx。

(2) 单击 Web 窗体编辑区下方的"设计"按钮，切换至可视化的设计视图方式。

(3) 双击工具箱"标准"选项卡中的 Label(标签)控件，添加一个标签控件 Label1，并在"属性"子窗口中将其 Text 属性设置为 Hello, World!(如图 1-17 所示)。

(4) 单击工具栏上的"启动调试"按钮(或选择"调试"→"启动调试"菜单项)，并在随之打开的"未启用调试"对话框(如图 1-18 所示)中选中"不进行调试直接运行"单选按钮，然后单击"确定"按钮运行程序。

第 1 章 ASP.NET 概述

图 1-17 Hello.aspx 页面的设计视图

图 1-18 "未启用调试"对话框

【说明】若选择"调试"→"开始执行(不调试)"菜单项(或按 Ctrl+F5 快捷键),则可直接运行程序,而不会出现"未启用调试"对话框。

【实例 1-5】设计一个 ASP.NET 页面 HelloUser.aspx(如图 1-19 所示),单击"显示"按钮后可根据所输入的姓名显示相应的问候语。

(a)

(b)

图 1-19 HelloUser.aspx 页面的运行结果

设计步骤：

(1) 在网站 WebSite01 中添加一个新的 ASP.NET 页面 HelloUser.aspx。

(2) 单击 Web 窗体编辑区下方的"拆分"按钮，切换至同时显示源代码与设计界面的拆分视图方式。

(3) 将插入点置于 div 控件中，依次双击工具箱"标准"选项卡中的 TextBox(文本框)控件、Button(按钮)控件与 Label(标签)控件，添加一个文本框控件 TextBox1、按钮控件 Button1 与标签控件 Label1。然后，将插入点置于标签控件 Label1 前，再按 Enter 键，将其置于下一行中。

(4) 在"属性"子窗口中将 Button1 控件的 Text 属性设置为"显示"(如图 1-20 所示)。

图 1-20 HelloUser.aspx 页面的拆分视图

(5) 在 Web 窗体中双击空白区域，打开程序代码文件 HelloUser.aspx.cs，并在 Page_Load 方法中编写以下代码：

```
Label1.Text = "Hello!";
```

(6) 在 Web 窗体中双击"显示"按钮 Button1，并在其 Click(单击)事件方法 Button1_Click 中编写以下代码(如图 1-21 所示)：

```
Label1.Text = "Hello," + TextBox1.Text + "!";
```

图 1-21 HelloUser.aspx 页面的程序代码

(7) 选择"调试"→"开始执行(不调试)"菜单项(或按 Ctrl+F5 快捷键),运行程序。

1.5 ASP.NET 应用程序的部署

ASP.NET 应用程序开发完毕后,即可将其部署到相应的 Web 服务器上,供用户通过网络使用浏览器进行访问。

【实例 1-6】部署 ASP.NET 网站 WebSite01,以便能通过网络使用浏览器直接访问之。

主要步骤(以 Windows 7 为系统平台):

1. 添加应用程序

(1) 通过控制面板打开"Internet 信息服务(IIS)管理器"窗口(如图 1-22 所示)。

(2) 右击 Default Web Site (默认网站),并在其快捷菜单中选择"添加应用程序"菜单项,打开"添加应用程序"对话框(如图 1-23 所示)。

(3) 输入应用程序别名(在此为 MyWeb),并指定 ASP.NET 网站的物理路径(在此为 C:\WebSites\WebSite01),然后单击"确定"按钮,关闭"添加应用程序"对话框。

图 1-22 "Internet 信息服务(IIS)管理器"窗口

图 1-23 "添加应用程序"对话框

2. 访问网站中的页面

打开 IE 浏览器,在地址栏中输入欲访问页面的网址"http://<IIS 服务器 IP 地址或域名>/MyWeb/<页面文件名>"(若在 IIS 服务器上访问,则可用 localhost 代替"IIS 服务器 IP 地址或域名"),然后按 Enter 键。如图 1-24 所示,即为在 IIS 服务器上访问 HelloUser.aspx 页面的情形,具体网址为"http://localhost/MyWeb/HelloUser.aspx"。

图 1-24 在 IIS 服务器上访问 HelloUser.aspx 页面

【注意】在不同版本的 Windows 系统中，部署 ASP.NET 应用程序的方法与步骤往往也会有所不同。

本章小结

本章简要地介绍了 ASP.NET 的概况，详细讲解了 ASP.NET 应用开发工具的基本用法与运行环境的搭建方法，并通过具体实例说明了 ASP.NET 应用程序的创建与部署方法。通过本章的学习，应熟练掌握 Visual Studio 开发工具的基本用法、ASP.NET 应用运行环境的搭建方法以及 ASP.NET 应用程序的创建与部署方法。

思 考 题

1. 相对于 C/S 架构，B/S 架构有何主要优点？
2. 目前在 Web 应用开发方面的主要技术有哪些？
3. ASP.NET 应用程序的常用开发工具是什么？
4. 在 VS 中创建 ASP.NET 网站的方式有哪几种？
5. ASP.NET 页面的创建可采用哪些模型？
6. 请简述 @Page 指令基本格式与常用属性。
7. 如何搭建 ASP.NET 应用程序的运行环境？
8. 请简述在 VS 中创建 ASP.NET 应用程序的主要步骤。
9. 请简述在 Windows 7 中部署 ASP.NET 应用程序的主要步骤。

第 2 章

C#编程基础

ASP.NET 应用开发实例教程

C#(C Sharp)是由微软公司所推出的一种完全面向对象的程序设计语言,也是.NET 框架的首选编程语言。因此,在使用 ASP.NET 开发 Web 应用时,通常都会选用 C#作为编程语言。

本章要点:C#简介;C#语法基础;C#基本语句;类与对象;命名空间;常用系统类。

学习目标:了解 C#的概况;了解 C#的基本语法;掌握 C#基本语句的使用方法;掌握 C#中类与对象的基本用法;掌握 C#中命名空间的定义与引用方法;掌握 C#中常用系统类的基本用法;掌握 C#程序设计的基本技术。

2.1 C# 简 介

C#(C Sharp)是由微软公司所推出的一种完全面向对象的程序设计语言,也是.NET 框架的首选编程语言。C#基于.NET 框架,是在 C 与 C++的基础上重新构造而成的,而在语法方面则与 C++、Java 较为相似。使用 C#语言,可有效降低网络应用编程的难度。

2000 年,微软首次推出 C#语言。此后,微软不断更新 C#的版本。例如,微软先后于 2002 年、2003 年、2005 年、2007 年、2010 年分别发布了 C#语言规范 1.0、1.2、2.0、3.0、4.0,简称 C# 1.0、C# 1.2、C# 2.0、C# 3.0、C# 4.0。目前,C# 2.0 已被国际标准化组织定为高级语言开发标准。

Visual Studio(VS)的各个版本所支持的 C#语言是不同的。例如,VS.NET 2002 支持 C# 1.0,VS.NET 2003 支持 C# 1.2,VS 2005 支持 C# 2.0,VS 2008 支持 C# 3.0,VS 20108 支持 C# 4.0。

2.2 语 法 基 础

要使用 C#编程,首先就必须了解并掌握 C#中数据类型、常量、变量、类型转换、运算符与表达式、数组等基本编程要素的基本语法与主要用法。

2.2.1 数据类型

根据在内存中存储位置的不同,C#中的数据类型可分为两大类,即值类型(Value Type)与引用类型(Reference Type)。其中:值类型数据的长度是固定的,存放于栈(堆栈)内;引用类型数据的长度是可变的,存放于堆内。

从变量的角度来看,若其类型属于值类型,则直接存放相应的数据(即变量的值);若其类型属于引用类型,则存放的是相应数据的引用地址。引用类型的变量通常又称为对象。

值类型可分为简单类型、枚举类型与结构类型,而简单类型又包括数值类型、字符型与布尔类型。引用类型则包括字符串类型与对象类型等。下面分别进行简要介绍。

1. 数值类型

数值类型分为整数类型与实数类型两种。

(1) 整数类型

整数类型分为有符号整数与无符号整数两类。其中,有符号整数类型包括 sbyte(有符号字节型，1 字节)、short(短整型，2 字节)、int(整型，4 字节)与 long(长整型(L)，8 字节)，无符号整数类型包括 byte(字节型，1 字节)、ushort(无符号短整型，2 字节)、uint(无符号整型(U)，4 字节)与 ulong(无符号长整型(UL)，8 字节)。例如：

```
int x = 1;
long y = 1234567L;
ulong z = 123456789UL;
```

(2) 实数类型。

实数类型分为 3 种，即 float(单精度浮点型(F)，4 字节)、double(双精度浮点型(D)，8 字节)与 decimal(高精度十进制型(m)，16 字节)。其中，decimal 相当于一种特殊的浮点数类型，精度高，适用于金融、货币等需要高精度数值的领域。例如：

```
float x = 2.3F;
double y = 2.7E+23;
decimal z = 9999999999999999999999999m;
```

2. 字符类型

字符类型即 char 型，用于表示 Unicode 字符集中的单个字符。一个 Unicode 字符需占用 2 个字节的存储空间，其编码值的范围为 0～65 535。例如：

```
char myChar = '0';
```

【说明】字符型常量必须用单引号括起来。此外，C#的字符类型采用 Unicode 字符集。Unicode 是继 ASCII 之后的一种通用字符编码标准，覆盖了美国、欧洲、中东、非洲和亚洲的语言以及古文与专业符号。使用 Unicode，可实现多语言文本以及公用的专业与数学符号的交换、处理和显示。

3. 布尔类型

布尔类型即 bool 型，用于表示逻辑型数据，也就是 true(真)或 false(假)。例如：

```
bool isOK = false;
```

4. 字符串类型

字符串类型即 string 型，用于表示任意长度的 Unicode 字符序列，所占用的存储空间根据字符的多少而定。例如：

```
string myString="ABC123";
```

【说明】字符串型常量必须用双引号括起来。

5. 对象类型

对象类型即 object 型，是所有其他类型的最终基类。在 C#中，其他各种类型都是直接或间接地从 object 型派生的。一个 object 型的变量可以存放任意类型的值，其所占用的存储空间视所具体表示的数据类型而定。

2.2.2 常量

常量就是在程序运行过程中其值保持不变的量。在 C#中，常量包括整型常量、实型常量、字符常量、字符串常量、布尔常量与符号常量等。

1. 整型常量

整型常量即整型数值，可用十进制或十六进制表示，但在使用十六进制表示时需加上前缀 0x 或 0X。例如：

```
32
0x20
```

整型常量的默认类型是能够保存该值的最小整数类型(int、uint、long 或 ulong)。必要时，可在其后加上后缀 U(u)、L(l)、UL(ul)以明确指定其类型为无符号整型、长整型、无符号长整型。例如：

```
32       //类型为 int
32L      //类型为 long
128U     //类型为 uint
128UL    //类型为 ulong
```

2. 实型常量

实型常量即带小数点的数或用科学计数法表示的数，其数据类型默认为 double。必要时，可在其后加上后缀 F(f)、D(d)、M(m)以明确指定其类型为 float、double、decimal。例如：

```
3.14     //类型为 double
3.14E2   //类型为 double
3.14F    //类型为 float
3.14D    //类型为 double
3.14m    //类型为 decimal
```

3. 字符常量

字符常量即某个字符，其表示方式如下。

(1) 用单引号将单个字符括起来(普通字符通常用此方式表示)。如：'A'、'0'。

(2) 用十六进制形式表示(以\x 开始，后跟 4 位表示该字符代码值的十六进制数)。如：'\x0041'。

(3) 用 Unicode 编码形式表示(以\u 开始，后跟 4 位表示该字符代码值的十六进制数)。如：'\u0041'。

(4) 用转义字符表示(特殊字符通常用此方式表示)。如：\'(单引号)、\"(双引号)、\\(反斜杠)、\r(回车符)、\n(换行符)。

4. 字符串常量

字符串常量即零个或多个字符序列。在 C#中，字符串常量分为两种，即常规字符串与逐字字符串。

常规字符串较为常见，其实就是用双引号括起来的零个或多个字符(包括转义字符)序列。例如：

```
"Hello,World!"
"C:\\Windows\\Microsoft"    //表示"C:\Windows\Microsoft"
"He said \"Hello\" to me"   //表示"He said "Hello" to me"
```

在常规字符串前加上字符@，即成为逐字字符串。在逐字字符串中，各个字符均表示本意，不再使用转义字符。若在字符串中需用到双引号，则可连写两个双引号表示一个双引号。例如：

```
@"C:\Windows\Microsoft"    //表示"C:\Windows\Microsoft"
@"He said ""Hello"" to me" //表示"He said "Hello" to me"
```

5. 布尔常量

布尔常量只有两个，即 true(真)与 false(假)。

6. 符号常量

符号常量是以标识符表示的常量。其声明格式为：

const 数据类型 标识符 = 值;

例如：

const double PI = 3.14159;

在此，声明了一个符号常量 PI，其类型为 double，值为 3.14159。

2.2.3 变量

变量就是在程序运行过程中其值可以改变的量。在 C#中，变量遵循"先声明，后使用"的原则。

1. 变量的声明

声明变量的基本格式为：

数据类型 变量名1[,变量名2[,...]];

每个变量都有相应的数据类型与名称。变量的名称其实就是一种标识符，其命名必须符合一定的规范。为便于使用，变量名应能标识事物的特性。例如：

```
int Age;
decimal Salary;
string UserName,UserEmail;
```

在 C#中，变量名是区分大小写的。例如，age 与 Age 在 C#中是两个不同的变量。

【说明】在命名变量时，通常应遵循以下基本原则：

(1) 变量名的首字符应为英文字母、下划线或符号@。

(2) 变量名中不能包含空格、小数点以及各种符号。
(3) 组成变量名的字符数不要太长，应控制在 3～20 个字符。
(4) 变量名不能是关键字，如 int、object 等不能用作变量名。
(5) 变量名在同一范围内必须是唯一的。

【提示】关于变量的命名，通常有以下两种命名法。

(1) Pascal 命名法。为 Pascal 语言中使用的一种命名方法，组成变量名的每个单词的首字母大写，其他字母均小写，如 Age、NameFirst、DateStart、WinterOfDiscontent。

(2) Camel 命名法。与 Pascal 命名法基本相同，区别是变量名的第一个单词的首字母为小写，以后的每个单词都以大写字母开头，如 age、nameFirst、timeOfWork、myNumber。

2. 变量的初始化与赋值

变量的初始化与赋值均使用"="。

变量的初始化是指在声明变量的同时为其指定相应的初值。例如：

```
int Num1=1, Num2=2, Num3=3;
```

变量的赋值是指在声明变量后改变其值。例如：

```
int Num1, Num2, Num3;
Num1 = 1;
Num2 = 2;
Num3 = 3;
```

在 C#中，可同时为多个变量赋以相同的值。例如：

```
int Num1, Num2, Num3;
Num1 = Num2 = Num3 = 1;
```

此外，也可使用变量为变量赋值。例如：

```
bool DBOpen , DBClose;
DBOpen = true;
DBClose = DBOpen;
```

2.2.4 类型转换

在 C#中，数据类型的转换分为两种，即隐式转换与显式转换。除此以外，C#还提供了一些专门用于进行数据类型转换的方法。

1. 隐式转换

隐式转换是系统自动执行的数据类型转换，通常是从低精度的数据类型向高精度的数据类型转换。

隐式转换的基本原则是允许数值范围小的类型向数值范围大的类型转换，允许无符号整数类型向有符号整数类型转换。

2. 显式转换

显式转换也称为强制转换，是在代码中明确指示将某一类型的数据转换为另一种类型的数据。其基本格式为：

(数据类型)数据

例如：

```
int n;
n=(int)123.123;
```

3. 方法转换

方法转换是指通过调用有关方法来进行数据类型的转换。可供选用的方法主要有 Parse 方法、ToString 方法与 Convert 类方法。

(1) Parse 方法。

Parse 方法用于将特定格式的字符串转换为相应类型的数值。其基本格式为：

数值类型.Parse(字符串)

在此，"字符串"必须符合"数值类型"对数值格式的要求，否则将导致转换失败。例如：

```
int x=int.Parse("123");        //转换成功
int y=int.Parse("123.0");      //转换失败
```

(2) ToString 方法。

ToString 方法用于将其他数据类型的值转换为相应的字符串。其基本格式为：

变量.ToString()

在此，将指定变量的值转换为相应的字符串。例如：

```
int x=123;
string s=x.ToString();
```

(3) Convert 类方法。

Convert 类提供了一系列的类型转换方法，可用于实现指定值的类型转换。如表 2-1 所示，为 Convert 类的常用方法及其说明。

表 2-1 Convert 类的常用方法

方　　法	说　　明
Convert.ToChar(值)	将指定值转换为 Unicode 字符
Convert.ToDateTime(值)	将指定值转换为日期时间(DateTime)
Convert.ToBoolean(值)	将指定值转换为等效的布尔值
Convert.ToByte(值)	将指定值转换为 8 位无符号整数
Convert.ToInt16(值)	将指定值转换为 16 位有符号整数
Convert.ToInt32(值)	将指定值转换为 32 位有符号整数

续表

方　法	说　明
Convert.ToInt64(值)	将指定值转换为 64 位有符号整数
Convert.ToSByte(值)	将指定值转换为 8 位有符号整数
Convert.ToUInt16(值)	将指定值转换为 16 位无符号整数
Convert.ToUInt32(值)	将指定值转换为 32 位无符号整数
Convert.ToUInt64(值)	将指定值转换为 64 位无符号整数
Convert.ToSingle(值)	将指定值转换为单精度浮点数
Convert.ToDouble(值)	将指定值转换为双精度浮点数
Convert.ToDecimal(值)	将指定值转换为十进制数(Decimal)
Convert.ToString(值)	将指定值转换为其等效的字符串(String)

2.2.5　运算符与表达式

在 C#中，运算符的种类较多，包括算术运算符、字符串运算符、关系运算符、逻辑运算符、赋值运算符、条件运算符等。利用运算符将有关的运算量连接起来，即可构成相应的表达式。

1. 算术运算符与算术表达式

算术运算符分为一元算术运算符与二元算术运算符两类。其中，一元算术运算符包括+(正)、-(负)、++(自增)与--(自减)4 种，二元算术运算符包括+(加)、-(减)、*(乘)、/(除)、%(取模或求余)5 种。

通过算术表达式，可实现各种算术运算，其运算结果是一个数值。例如：

```
float a=2,b=6,c=3;
float f=b*b-4*a*c;
```

2. 字符串运算符与字符串表达式

字符串运算符只有一个，即+(连接)。

通过字符串表达式，可实现字符串的连接运算，其运算结果是一个字符串。例如：

```
string s="abc"+" and "+"xyz";   //s 的值为字符串 "abc and xyz"
```

3. 关系运算符与关系表达式

关系运算符分为不等性比较与相等性比较两类，前者包括>(大于)、>=(大于等于)、<(小于)、<=(小于等于) 4 种，后者包括==(等于)、!=(不等于)两种。

通过关系表达式，可实现各种关系运算，其运算结果为 true 或 false。例如：

```
int i=5;
bool b1=i>0;    //b1 的值为 true
bool b2=i>10;   //b2 的值为 false
```

4. 逻辑运算符与逻辑表达式

逻辑运算符共有 3 种，分别为!(非)、&&(与)、||(或)。

通过逻辑表达式，可实现各种逻辑运算，其运算结果为 true 或 false。例如：

```
int i=5;
bool b=(i>0 && i<10);   //b 的值为 true
```

5. 赋值运算符与赋值表达式

赋值运算符分为简单赋值运算符与复合赋值运算符两类，前者为=，后者则包括+=、-=、*=、/=、%=等。可见，复合赋值运算符就是某种运算符与简单赋值运算符的组合。

通过赋值表达式，可实现各种赋值运算，从而将相应的运算结果赋给指定的变量或属性。例如：

```
int x,y,z;
x=1;
y=x+1;
z=y+1;
x+=y-z;   //即：x=x+(y-z);
```

6. 条件运算符与条件表达式

条件运算符是一个三元运算符，由"?"与":"组成。

条件表达式的基本格式为：

<关系表达式或逻辑表达式>?<表达式 1>:<表达式 2>

其运算结果为：若关系表达式或逻辑表达式值为 true，则取表达式 1 的值，否则取表达式 2 的值。

例如：

```
int x,y;
x=100;
y=x>500?x*0.8:x*0.5;   //y 的值为 50
```

7. 运算符的优先级与结合性

在一个表达式中，通常会包含有各种不同的运算符。因此，必须熟知各种运算符的优先级与结合性。其实，从本质上来看，优先级与结合性都是运算顺序的问题。

(1) 优先级。

优先级用于确定不同运算符的运算先后次序。在一个表达式中，优先级高的运算会先被执行。在 C#中，关于运算符的优先级，可分为以下 3 种情形。

① 一元运算符的优先级高于二元与三元运算符。

② 不同种类的运算符其优先级有高低之分。其中，算术运算符的优先级高于关系运算符，关系运算符的优先级高于逻辑运算符，逻辑运算符的优先级高于条件运算符，条件运算符的优先级高于赋值运算符。

③ 某些同类运算符的优先级也有高低之分。在算术运算符中，*(乘)、/(除)、%(取模或求余)的优先级高于+(加)、-(减)；在关系运算符中，>(大于)、>=(大于等于)、<(小于)、

<=(小于等于)的优先级高于==(等于)、!=(不等于);逻辑运算符的优先级从高到低则依次为!(非)、&&(与)、||(或)。

　　(2) 结合性。

　　结合性用于确定同级运算符的运算是自左向右还是自右向左。在C#中,关于运算符的结合性,可分为以下两种情形。

　　① 赋值运算符与条件运算符的结合性为自右向左。

　　② 除赋值运算符外的二元运算符的结合性为自左向右。

　　(3) 圆括号。

　　为提高表达式的可读性,并确保表达式能按正确的顺序进行运算,可以在表达式中使用圆括号明确有关运算的顺序。这样,即可有效避免出现运算顺序不符合设计要求的情况。例如,a/b-c 的运算顺序是先执行 a 除以 b 的运算,然后再将结果减去 c。而 a/(b-c)的运算顺序是先执行 b 减去 c 的运算,然后再用结果去除 a。

2.2.6　数组

　　数组是一种由若干个相同类型的变量所构成的集合。数组所包含的变量称为数组元素,由数组名与下标(或索引)确定。在C#中,数组是一种引用类型,而不是值类型。

　　C#中的数组可分为 3 种,即一维数组、多维数组与交错数组。不管是哪一种数组,其元素的下标都是从 0 开始的。

1. 一维数组

一维数组是只有一个维度的数组。

(1) 声明与创建。

一维数组的声明与创建有两种方式,其基本格式如下。

① 方式 1:

```
type[] arrayName;
arrayName = new type[size];
```

② 方式 2:

```
type[] arrayName = new type[size];
```

　　其中,type 为数据类型,arrayName 为数组名,size 为数组元素个数,new 为用于创建数组实例的运算符。例如:

```
int[] intArray;
intArray =new int[10];
string[] stringArray = new string[6];
```

　　(2) 初始化。

　　在创建数组实例时,可根据需要自行对数组元素进行初始化。但在初始化时,必须显式地初始化所有元素,而不能只对部分元素进行初始化。

　　一维数组初始化的方式有 3 种,其基本格式如下。

① 方式 1:

```
type[] arrayName = new type[size]{val1,val2,…,valn};
type[] arrayName = new type[]{val1,val2,…,valn};
```

② 方式 2:

```
type[] arrayName = {val1,val2,…,valn};
```

③ 方式 3:

```
type[] arrayName;
arrayName = new type[size]{val1,val2,…,valn};
arrayName = new type[]{val1,val2,…,valn};
```

其中，val1、val2、…、valn 为相应的初值。例如:

```
int[] array1 = new int[5] { 1, 3, 5, 7, 9 };
int[] array2 = new int[] { 1, 3, 5, 7, 9 };
int[] array3 = { 1, 3, 5, 7, 9 };
string[] mystring = {"first","second","third"};
string[] weekDays = { "Sun", "Mon", "Tue", "Wed", "Thu", "Fri", "Sat" };
int[] array4,array5;
array4 = new int[5] { 1, 3, 5, 7, 9 };
array5 = new int[] { 1, 3, 5, 7, 9 };
```

【注意】不能对数组赋值。例如，以下用法是错误的。

```
int[] array6;
array6 = {1, 3, 5, 7, 9};
```

【说明】在使用 new 运算符创建数组实例时，若未另外指定初值，则数组元素被初始化为相应的默认值。其中，数值型的默认值为 0，布尔型的默认值为 false，引用型的默认值为 null(空值)。

2. 多维数组

多维数组是具有多个维度的数组。

(1) 声明与创建。

多维数组的声明与创建有两种方式，其基本格式如下。

① 方式 1:

```
type[,…,] arrayName;
arrayName = new type[size1,…,sizen];
```

② 方式 2:

```
type[,…,] arrayName = new type[size1,…,sizen];
```

若方括号中有 n 个逗号，则为 n+1 维数组。其中，type 为数据类型，arrayName 为数组名，size1、…、sizen 为多维数组中相应维度的元素个数，new 为用于创建数组实例的运算符。

在多维数组中，最为常用的是二维数组与三维数组。例如:

```
int[,] array1 = new int[3, 2];
int[, ,] array2 = new int[5, 2, 3];
```

(2) 初始化。

多维数组的初始化方法与一维数组类似。例如：

```
int[,] array2D = new int[,] { { 1, 2 }, { 3, 4 }, { 5, 6 } };
int[, ,] array3D = new int[,,] { { { 1, 2, 3 } }, { { 4, 5, 6 } } };
```

3. 交错数组

交错数组是元素为数组的数组，因此有时又称为"数组的数组"。

在交错数组中，各元素的维度与大小是可以不同的，既可以是一维数组，也可以是多维数组。由于交错数组是数组的数组，因此其元素是引用类型，会默认初始化为 null。例如：

```
int[ ][ ] n = new int[2][ ]
{
   new int[ ] {2,4,6},
   new int[ ] {1,3,5,7,9}
};
```

4. 数组元素的访问

数组元素是通过数组名及其下标进行访问。所谓下标，其实就是数组元素的索引值。在 C#中，数组各维的下标均从 0 开始编号。

对于一维数组，其元素的访问方式为：

```
arrayName[index]
```

其中，index 为元素的下标值。

对于多维数组，其元素的访问方式为：

```
arrayName[index1,…,indexn]
```

其中，index1、…、indexn 为元素的各维下标值。

对于交错数组，其元素的访问方式为：

```
arrayName[index1]…[indexn]
```

例如：

```
int[] myArray = { 1, 3, 5, 7, 9 };
int[,] myArray2D = new int[,] { { 1, 2 }, { 3, 4 }, { 5, 6 } };
int[][] n = new int[2][] {
         new int[ ] {2,4,6},
         new int[ ] {1,3,5,7,9}};
int mySum;
mySum = myArray[0]+myArray[1]+myArray[2]+myArray[3]+myArray[4];
mySum = myArray2D[0,0] + myArray2D[0,1] + myArray2D[1,0] + myArray2D[1,1] +
        myArray2D[2,0] + myArray2D[2,1];
mySum = n[0][0] + n[0][1] + n[0][2] + n[1][0] + n[1][1] + n[1][2] +
        n[1][3] + n[1][4];
```

2.3 基本语句

根据其作用的不同，C#中的基本语句可分为分支语句、循环语句、跳转语句、异常处理语句等类型。

2.3.1 分支语句

在 C#中，分支语句有 if 语句与 switch 语句两种。

1. if 语句

if 语句的使用可分为 3 种情况，其基本格式分别如下。

① 格式1：

```
if (条件)
{
    语句序列
}
```

② 格式2：

```
if (条件)
{
    语句序列 1
}
else
{
    语句序列 2
}
```

③ 格式3：

```
if (条件 1)
{
    语句序列 1
}
else if (条件 2)
{
    语句序列 2
}
…
else if (条件 n)
{
    语句序列 n
}
[else
{
    语句序列 n+1
}]
```

ASP.NET 应用开发实例教程

格式 1 为单分支条件语句，其功能为当条件成立时执行语句序列(即 if 分支)，否则不执行任何操作。

格式 2 为双分支条件语句，其功能为当条件成立时执行语句序列 1(即 if 分支)，否则执行语句序列 2(即 else 分支)。

格式 3 为多分支条件语句，其功能为依次判断各个条件，若某个条件成立，则执行相应的分支(即 if 分支或 else if 分支)。若所有条件均不成立且带有 else 分支，则执行 else 分支，否则不执行任何操作。

【实例 2-1】设计一个将百分制成绩转换为等级的 ASP.NET 页面 Grade.aspx(如图 2-1 所示)。其中，90 分以上(含 90)为"优"，80 分以上(含 80)、90 分以下为"良"，70 分以上(含 70)、80 分以下为"中"，60 分以上(含 60)、70 分以下为"及格"，60 分以下为"不及格"。

图 2-1　Grade.aspx 页面

设计步骤：

(1) 创建一个 ASP.NET 网站 WebSite02。

(2) 在网站 WebSite02 中添加一个新的 ASP.NET 页面 Grade.aspx，并添加相应的控件(如图 2-2 所示)。其中，用于输入成绩的文本框控件的 id 为 tb_cj，用于显示相应等级的标签控件的 id 为 lbl_dj。

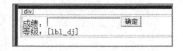

图 2-2　Grade.aspx 页面的控件

(3) 编写"确定"按钮 Click(单击)事件的方法代码。

```
protected void Button1_Click(object sender, EventArgs e)
{
    float cj;
    string dj="";
    cj = Convert.ToSingle(tb_cj.Text);
    if (cj >= 90)
        dj = "优";
    else if (cj >= 80)
```

```
            dj = "良";
        else if (cj >= 70)
            dj = "中";
        else if (cj >= 60)
            dj = "及格";
        else
            dj = "不及格";
        lbl_dj.Text = dj;
    }
```

【说明】在本实例中，使用 if…else if…else 多分支条件语句对成绩进行判断，并完成其等级转换。

2. switch 语句

switch 语句的基本格式为：

```
switch (控制表达式)
{
    case 常量表达式1:
        语句序列 1
    case 常量表达式2:
        语句序列 2
    ...
    [default:
        语句序列 n+1]
}
```

其中，控制表达式与各常量表达式的值的类型可以是 int、char、string 等。

【注意】在一个 switch 语句中，不能有相同的两个 case 标记，即各个常量表达式的值应该是各不相同的。此外，各个 case 后的语句序列的最后一个语句一定要是 break 语句、goto 语句或 return 语句。

对于 switch 语句，若控制表达式的值与某个 case 标记后指定的值相等，则执行该 case 标记后的语句序列(若某个 case 块为空，则会从该 case 块直接跳转到下一个 case 块)；若控制表达式的值与任何一个 case 标记后指定的值都不相等，则执行 default 标记后的语句序列(若无 default 标记，则不执行任何操作)。

在实例 2-1 中，可将"确定"按钮 Click(单击)事件的方法代码中的 if…else if…else 多分支语句修改为以下 switch 语句：

```
switch ((int)cj/10)
{
    case 10:
    case 9:
        dj = "优";
        break;
    case 8:
        dj = "良";
        break;
    case 7:
```

```
        dj = "中";
        break;
    case 6:
        dj = "及格";
        break;
    case 5:
    case 4:
    case 3:
    case 2:
    case 1:
    case 0:
        dj = "不及格";
        break;
}
```

【说明】在此,"(int)cj/10"用于将百分制的成绩 cj 划分为 11 种不同的情况,以便于在 switch 语句中进行相应的判断。

2.3.2 循环语句

在 C#中,循环语句有 while 语句、do...while 语句、for 语句与 foreach 语句 4 种。

1. while 语句

while 语句的基本格式为:

```
while (条件)
{
    语句序列
}
```

while 语句的功能是:当条件(即循环条件)成立时,重复执行其中的语句序列(即循环体),直至条件不成立时为止。显然,该语句的特点是"先判断循环条件,后执行循环体"。如果循环条件一开始就不成立,那么循环体一次也不会被执行。

【实例 2-2】设计一个 ASP.NET 页面 Sum.aspx(如图 2-3 所示),其功能为输出 s 的值(当 s>10000 时停止输出)。其中:

s=1+2+3+...

图 2-3 Sum.aspx 页面

设计步骤：

(1) 在网站 WebSite02 中添加一个新的 ASP.NET 页面 Sum.aspx。

(2) 编写页面 Load 事件的方法代码。

```
protected void Page_Load(object sender, EventArgs e)
{
    int i, s;
    i=1;
    s=0;
    while (s <= 10000)
    {
        s = s + i;
        i = i + 1;
        Response.Write(s);
        Response.Write("<br>");
    }
}
```

【说明】Response 为 ASP.NET 内置的响应对象，其 Write()方法用于输出指定的信息。特别地，"Response.Write("<br>")"用于输出标记"
"，可在浏览器中实现换行的效果。

2. do…while 语句

do…while 语句的基本格式为：

```
do
{
    语句序列
} while (条件);
```

do…while 语句的功能是：先执行一次语句序列(即循环体)，然后再判断条件(即循环条件)。当循环条件成立时，就继续执行循环体，直至循环条件不成立时为止。显然，该语句的特点是"先执行循环体，后判断循环条件"。因此，不管循环条件是否成立，其循环体至少会被执行一次。

3. for 语句

for 语句的基本格式为：

```
for (表达式1; 条件; 表达式2)
{
    语句序列
}
```

for 语句的功能是：先计算表达式 1(通常为赋值表达式，用于对循环变量等赋初值)，然后判断条件(即循环条件)。当条件成立时，重复执行语句序列(即循环体)，并计算表达式 2(通常亦为赋值表达式，用于修改循环变量等的当前值)，直至条件不成立时为止。显然，该语句的特点是"先判断循环条件，后执行循环体"。如果循环条件一开始就不成立，那么循环体一次也不会被执行。

【注意】在 for 语句中，for 后的圆括号"()"是必需的，且其中必须包含有两个分号";"（即循环条件表达式前后的分号";"是必须的）。

【实例 2-3】设计一个 ASP.NET 页面 MultiplicationTable.aspx（如图 2-4 所示），其功能为输出"九九乘法表"。

图 2-4　MultiplicationTable.aspx 页面

设计步骤：

(1) 在网站 WebSite02 中添加一个新的 ASP.NET 页面 MultiplicationTable.aspx，并在其中添加一个标签控件 Label1（如图 2-5 所示）。

图 2-5　MultiplicationTable.aspx 页面的控件

(2) 编写页面 Load 事件的方法代码。

```
protected void Page_Load(object sender, EventArgs e)
{
    string Expression, Space;
    int Result;
    for (int i = 1; i <= 9; i++)
    {
        for (int j = 1; j <= i; j++)
        {
            Result = i * j;
            Expression = i.ToString() + "*" + j.ToString() + "=" +
                         Result.ToString();
            if (Result < 10)
                Space = "    ";
            else
                Space = "  ";
            Label1.Text = Label1.Text + Expression + Space;
        }
        Label1.Text = Label1.Text + "<br />";
    }
}
```

【说明】在本实例中，九九乘法表的输出是通过双重 for 循环控制的。

4. foreach 语句

foreach 语句的基本格式为：

```
foreach (类型 变量 in 集合)
{
    语句序列
}
```

foreach 语句的功能是：通过指定的变量(即循环变量)逐个获取集合(如数组等)中的元素，并在语句序列(即循环体)中对其进行相应的处理。

【注意】在 foreach 语句中，循环变量是一个只读型的局部变量，不能在作为循环体的语句序列中试图改变其值。此外，循环变量的类型要与集合中元素的类型相同，否则要进行显式的类型转换。

【实例 2-4】输出数组中各个元素的值。

设计步骤：

(1) 在网站 WebSite02 中添加一个新的 ASP.NET 页面 ArrayElement.aspx，并在其中添加一个标签控件 Label1。

(2) 编写页面 Load 事件的方法代码。

```
protected void Page_Load(object sender, EventArgs e)
{
    int[] myInt = { 1, 2, 3 };
    foreach (int aInt in myInt)
    {
        Label1.Text = Label1.Text + aInt.ToString() + "<br />";
    }
}
```

运行结果如图 2-6 所示。

图 2-6 ArrayElement.aspx 页面

【说明】在本实例中，使用 foreach 语句将数组 myInt 中的元素逐个提取至循环变量 aInt，并通过标签控件 Label1 输出其值。

2.3.3 跳转语句

在 C#中，跳转语句包括 break 语句、continue 语句、goto 语句与 return 语句等。

1. break 语句

break 语句的语法格式为:

```
break;
```

该语句的功能是强行退出所在的循环语句(包括 while、do…while、for 与 foreach 语句)或 switch 语句。

在各种循环语句的循环体中,均可根据需要使用 break 语句。一旦 break 语句被执行,那么其所在的循环语句的执行便立即被终止了。因此,break 语句具有无条件退出所在循环的作用,通常又称为中途退出语句或循环终止语句。

2. continue 语句

continue 语句的语法格式为:

```
continue;
```

该语句的功能是立即结束本次循环,也就是跳过其后的循环体语句而直接进入下一次循环(但能否继续循环则取决于循环条件的成立与否)。

在各种循环语句的循环体中,均可根据需要使用 continue 语句。一旦 continue 语句被执行,那么就立即停止执行位于其后的循环体语句,直接转去判断是否继续执行下一次循环过程。因此,continue 语句通常又称为中途复始语句或循环短路语句。

3. goto 语句

goto 语句的语法格式为:

```
goto 标号;
```

该语句的功能是直接跳转到标号处并执行其后的语句。其中,标号是在程序中用于标识位置的标识符。为在程序中定义一个标号,只需在作为标号的标识符后加上一个冒号":"即可。

goto 语句通常又称为无条件跳转语句,主要用于以下 3 种场合。

(1) 在 switch 语句中从一个 case 标记转到另一个 case 标记。

(2) 从循环体内跳转到循环体外(特别是在多重循环中从内层循环的循环体内直接跳转到外层循环的循环体外)。

(3) 与 if 语句一起构成循环结构。

4. return 语句

return 语句的语法格式为:

```
return [表达式];
```

该语句的功能是终止所在方法的执行并将控制返回给调用方法(如果指定了表达式,还会返回相应的值)。

2.3.4 异常处理语句

异常，是指在程序执行过程中出现的不正常情况。为确保程序的可靠运行，在设计程序时应尽量考虑并处理可能出现的各种异常情况。为此，可使用相应的异常处理语句。

1. try-catch 语句

try-catch 语句的格式为：

```
try
{
    语句序列
}
catch [(异常类型 [标识符])]
{
    异常处理
}
```

该语句的功能为：执行 try 块内的语句序列，若出现异常，则转移到 catch 块中执行相应的异常处理。

在 catch 子句中，可指定异常类型，以便捕获指定类型的异常。此外，也可以同时指定一个标识符，以声明一个异常变量。这样，在 catch 块中，即可通过异常变量引用异常对象。

若 catch 子句不带任何参数(即未指定异常类型与异常变量)，则该子句称为一般 catch 子句，可用于捕获任何类型的异常。

一个 try 块后可跟一个或多个 catch 块。如果有多个 catch 块，除了一个处理 Exception 异常(即一般异常)的 catch 块外，其他每个 catch 块可用于处理一个特定类型的异常。处理其他异常的 catch 块应放在处理 Exception 异常的 catch 块的前面。

2. try-catch-finally 语句

try-catch-finally 语句的格式为：

```
try
{
    语句序列
}
catch [(异常类型 [标识符])]
{
    异常处理
}
finally
{
    语句序列
}
```

与 try-catch 语句相比，该语句的最后包含有一个 finally 块。顾名思义，不管是否出现异常，也不管是否包含有 catch 块，finally 块总是会执行的。即使在 try 块内使用 goto 语句或 return 语句,也不能避免 finally 块的执行。正因为如此,通常在 finally 块中执行释放资源方面的有关操作,如关闭已打开的文件、关闭与数据库的连接等。

【实例 2-5】任意输入一个整数,并判断其奇偶性。

设计步骤:

(1) 在网站 WebSite02 中添加一个新的 ASP.NET 页面 Parity.aspx,并添加相应的控件(如图 2-7 所示)。其中,用于输入整数的文本框控件为 tb_Number,用于显示相应结果的标签控件为 lbl_Result。

图 2-7 Parity.aspx 页面的控件

(2) 编写"确定"按钮 Click(单击)事件的方法代码。

```
protected void Button1_Click(object sender, EventArgs e)
{
    int iNumber;
    string sResult = "";
    try
    {
        iNumber = Convert.ToInt16(tb_Number.Text);
        if (iNumber % 2 ==0)
            sResult = "偶数!";
        else
            sResult = "奇数!";
    }
    catch (Exception ex)
    {
        sResult = "错误!" + ex.Message;
    }
    finally
    {
        sResult = sResult + "(*-*)";
    }
    lbl_Result.Text = sResult;
}
```

运行结果如图 2-8 所示。

(a)

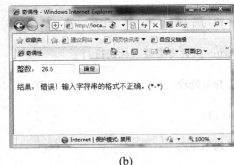
(b)

图 2-8 Parity.aspx 页面

【说明】在本实例中,使用了异常处理语句 try-catch-finally 语句,因此能处理可能出现的各种异常情况(如输入为非整数的情况)。在设计程序时,应尽量考虑各种异常情况,并对其进行适当处理。

3. throw 语句

如果在方法中出现了异常,必要时可使用 throw 语句将其抛出,以便让调用该方法的程序进行捕捉与处理。

throw 语句的格式为:

```
throw [表达式];
```

throw 语句可以抛出由表达式指定的值,但该表达式的类型必须是 System.Exception 类或从 System.Exception 类派生的类。

throw 语句也可以不带表达式,但不带表达式的 throw 语句只能用在 catch 块中,其作用是重新抛出当前正在由 catch 块处理的异常。

2.4 类 与 对 象

C#是一种完全面向对象的程序设计语言。面向对象程序设计采用面向对象的思想,以对象为基础来进行软件的设计。与面向过程的程序设计(即结构化程序设计)不同,面向对象程序设计不再将软件系统看成是工作在数据之上的一系列过程或函数的集合,而是一系列相互协作而又彼此独立的对象的集合。

在面向对象思想中,类与对象是最为基本的两个概念。其中,对象是最基本的单元,是对客观世界中事物的抽象描述,是封装了一组属性与方法的逻辑实体。对象的属性反映对象所处的状态,对象的方法则用来改变对象的状态。类是同类对象的抽象描述,相当于对象的数据类型。在类中,封装了一组相关的属性与方法。基于类,可创建相应的实例,即对象。可见,类是对象的模板,而对象则是类的实例。例如,可将汽车看作是一个类,则每一辆汽车就是汽车类的一个实例,也就是一个对象。

在 C#语言中,所有常量、变量、属性、方法与事件等都必须封装在类中。

2.4.1 类的声明

在 C#中,使用 class 关键字声明类。其基本格式为:

```
[访问修饰符] class 类名称 [:基类名称]
{
    类成员
}
```

其中,访问修饰符用于指定类的使用范围。若为 public,则表明该类是公共的,可由任何其他类访问;若为 internal,则表明该类是内部的,只能由同一程序集中的类访问。未指定访问修饰符时,则默认为 internal。

类成员是类的主体,用于定义类的数据与行为,包括字段、属性、方法、事件、构造函数、析构函数等。例如:

```csharp
public class Student
{
    private string name;        //字段
    private string sex;         //字段
    private int age;            //字段
    public int Age              //属性
    {
        get
        {
            return age;
        }
        set
        {
            age = value;
        }
    }
    public Student()            //不带参数的构造函数
    {
        name = "";
        sex = "";
    }
    public Student(string name, string sex)   //带参数的构造函数
    {
        this.name = name;
        this.sex = sex;
    }
    public string GetStudentInfo()   //方法
    {
        string s;
        s = "姓名: " + name + ", 性别: " + sex;
        return s;
    }
}
```

在此，声明了一个学生类 Student，内含相应的字段、属性、构造函数与方法。

2.4.2 类的成员

在 C#中，类的成员多种多样，包括字段、属性、方法、事件、构造函数、析构函数等。根据其性质的不同，可将类成员分为两类，即数据成员与函数成员。其中，数据成员其实就是类中所定义的数据，如字段、常量等；函数成员则用于提供操作类中数据的某些功能，如属性、方法、构造函数等。

类成员的可访问性是可以根据需要进行设置的。为此，只需使用访问修饰符进行相应的声明即可。在 C#中，可供使用的类成员的访问修饰符如表 2-2 所示。在声明类成员时，若未指定访问修饰符，则默认为 private(私有的)。

表 2-2　类成员的访问修饰符

访问修饰符	说　明
public	公共的，可由同一程序集中的任何代码或引用该程序集的其他程序集访问
private	私有的，只在其所在的类中才能访问
protected	受保护的，只在其所在的类或派生类中才能访问
internal	内部的，可由同一程序集中的任何代码访问，而其他程序集则不能访问
protected internal	受保护的内部的，可由同一程序集中的任何代码或其他程序集中的任何派生类访问

类成员还有静态成员与实例成员(或非静态成员)之分。在声明成员时，若在类型关键字前使用 static 关键字，则为静态成员，否则为实例成员。对于静态成员，是通过指定类名来调用的(无须创建类的实例)；而对于实例成员，则必须创建类的实例并通过指定实例名(对象名)来进行调用。

1. 字段

字段就是在类中声明的类级别的变量。其定义的基本格式为：

[访问修饰符] 类型关键字 变量名；

通常，字段应声明为 private 或 protected。若要将字段声明为 public，则最好将其定义为属性。对于字段，C#会自动将其初始化为相应的默认值。例如，在如前所述的学生类 Student 中，共定义了 3 个字段，包括姓名 name、性别 sex 与年龄 age。

与字段不同，在方法、事件或构造函数内声明的块级别的变量称为局部变量。对于局部变量，C#不会自动进行初始化。因此，在定义局部变量时，若未进行初始化，则在使用前必须先对其赋值，否则会在编译时报错。

当字段与局部变量同名时，若要引用静态字段，则应使用"类名.字段名"的形式；若要引用实例字段，则应使用"this.字段名"的形式(this 指代当前实例)。当然，如果字段与局部变量的名称并不相同，那么引用字段的形式与引用局部变量的形式可以是相同的。

2. 属性

在 C#中，属性通过 get 访问器与 set 访问器向外部提供对私有字段成员的访问。其中，get 访问器用于读取属性值，set 访问器用于设置属性值(使用 value 表示要设置的新值)。例如，在如前所述的学生类 Student 中，便定义了一个年龄属性 Age。

属性可分为只读属性、只写属性与读写属性 3 种类型。其中，只读属性只有 get 访问器，而无 set 访问器；只写属性只有 set 访问器，而无 get 访问器；读写属性则既有 get 访问器，又有 set 访问器。显然，Student 类中的 Age 属性为读写属性。

3. 方法

方法(Method)是一组程序代码的集合，用于完成指定的功能。每个方法都有一个方法名，以便于对于进行识别与调用。方法定义的基本格式为：

[访问修饰符] 返回值类型 方法名([参数序列])
{
　　语句序列
}

方法可以有参数，也可以没有参数。但不论是否有参数，方法名后的圆括号都是必需的。若方法的参数有多个，则应以逗号分开。

在方法中，可使用 return 语句结束方法的执行。必要时，还可以使用 return 语句返回一个值。如果方法的类型不是 void 类型，那么在该方法中必须至少包含有一个 return 语句。

例如，在如前所述的学生类 Student 中，便定义了一个方法 GetStudentInfo()。该方法用于获取学生信息，其返回值为一个字符串。

4. 构造函数

构造函数与类名同名，其主要作用是为类中的有关字段赋初值。作为构造函数，既可带参数，也可不带参数，但必须声明为 public。

在一个类中，可根据需要定义多个构造函数。这样，在创建类的实例时，系统会根据具体情况自动调用相应的构造函数，并完成有关字段的初始化工作。

例如，在如前所述的学生类 Student 中，便定义了两个构造函数。其中，第一个是不带参数的，第二个是带有两个参数的。

2.4.3 对象的创建与使用

在 C#中，基于已有的类，使用 new 关键字，通过调用相应的构造函数，即可完成对象的创建操作。通常，对象又称为类的实例。例如：

```
Student aStudent1 = new Student();
Student aStudent2 = new Student("张三","男");
```

在此，创建了两个学生对象，分别为 aStudent1 与 aStudent2。

创建好对象后，即可通过对象访问相应的成员。其基本格式为：

```
对象名.成员名
```

例如：

```
string StudentInfo1=aStudent1.GetStudentInfo();
string StudentInfo2=aStudent2.GetStudentInfo();
```

在此，分别调用了 aStudent1 与 aStudent2 对象的 GetStudentInfo()方法，并将其返回值赋给变量 StudentInfo1 与 StudentInfo2。

【实例 2-6】创建一个学生类，并对其加以应用。

设计步骤：

(1) 在网站 WebSite02 中添加一个学生类文件 Student.cs，并在其中编写学生类 Student 的代码。

```
public class Student
{
    private string name;   //字段
    private string sex;    //字段
    private int age;       //字段
```

```
        public int Age      //属性
        {
            get
            {
                return age;
            }
            set
            {
                age = value;
            }
        }
        public Student()     //构造函数(无参数)
        {
            name = "";
            sex = "";
        }
        public Student(string name, string sex)    //构造函数(有参数)
        {
            this.name = name;
            this.sex = sex;
        }
        public string GetStudentInfo()    //方法(返回学生信息)
        {
            string s;
            s = "姓名: " + name + ", 性别: " + sex;
            return s;
        }
    }
```

【说明】添加类文件的方法与添加 ASP.NET 页面的方法类似，区别在于所用模板为"类"(如图 2-9 所示)。类文件通常放在网站的 App_Code 文件夹中。为此，只需在随之打开的 Microsoft Visual Studio 对话框(如图 2-10 所示)中单击"是"按钮即可。

图 2-9 "添加新项"对话框

图 2-10　Microsoft Visual Studio 对话框

(2) 在网站 WebSite02 中添加一个新的 ASP.NET 页面 Students.aspx，并编写其 Load 事件的方法代码。

```
protected void Page_Load(object sender, EventArgs e)
{
    string StudentInfo;
    Student aStudent1 = new Student();              //创建学生类的实例 aStudent1
    StudentInfo = aStudent1.GetStudentInfo();       //调用方法 GetStudentInfo
    Response.Write(StudentInfo+"<br/>");
    Student aStudent2 = new Student("张三","男");   //创建学生类的实例 aStudent2
    aStudent2.Age = 18;    //设置属性 Age
    StudentInfo = aStudent2.GetStudentInfo()+", 年龄: "+aStudent2.Age.ToString();
    Response.Write(StudentInfo + "<br/>");
}
```

运行结果如图 2-11 所示。

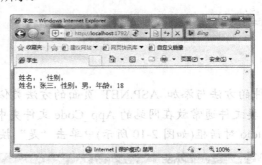

图 2-11　Students.aspx 页面

2.5　命　名　空　间

命名空间是类的一种组织形式，也是避免命名冲突的一种有效方式。在同一个命名空间下，各个类的名称是不能相同的。但在不同的命名空间中，类的名称则可以相同，也可以不同。通常，可将相关的类组织在同一个命名空间中，以便于对其进行有效的管理与利用。

命名空间允许嵌套，即在一个命名空间中可以包含有其他的命名空间(通常称之为子命名空间)，从而构成一种树形的层次结构。

事实上，.NET 框架提供了许多完成各种功能的系统类，并存放在系统命名空间 System 及其子命名空间中。对于 Web 应用系统的开发来说，常用的命名空间包括 System、System.Web、System.Web.UI、System.Web.UI.WebControls、System.Configuration、

System.Data 等。

2.5.1 命名空间的引用

为引用命名空间，应使用 using 关键字。其基本格式为：

```
using 命名空间名.子命名空间名[.…];
```

例如：

```
using System;
using System.Web;
```

2.5.2 命名空间的定义

必要时，也可自行定义相应的命名空间。为此，应使用 namespace 关键字。其基本格式为：

```
namespace 命名空间
{
    …
}
```

一旦将类置于自定义的命名空间中，那么在使用该类时，应先引用相应的命名空间。否则，是找不到该类的。

例如，可将实例 2-6 中的学生类 Student 置于自定义的命名空间 StudentNS 中，代码如下：

```
namespace StudentNS
{
    public class Student
    {
        …
    }
}
```

在这种情况下，在使用学生类 Student 的页面 Students.aspx 中，就必须先引用命名空间 StudentNS，代码如下：

```
using StudentNS;
```

2.6　常用系统类

在进行 Web 应用系统的开发时，常用的系统类包括日期时间类、数学类、随机类、字符串类等。

2.6.1　DateTime 类

DateTime 类为日期时间类，属于 System 命名空间。DateTime 类提供了一些常用的日期与时间方面的属性与方法，如表 2-3 所示。

表 2-3　DateTime 类的常用属性与方法

属性/方法	说　明
DateTime.Now	当前日期时间
DateTime.Now.ToLongDateString()	当前日期字符串(长日期格式)。如：2011 年 9 月 1 日
DateTime.Now.ToLongTimeString()	当前时间字符串(长时间格式)。如：21:36:30
DateTime.Now.ToShortDateString()	当前日期字符串(短日期格式)。如：2011-9-1
DateTime.Now.ToShortTimeString()	当前时间字符串(短时间格式)。如：21:36
DateTime.Now.Year	当前年份
DateTime.Now.Month	当前月份
DateTime.Now.Day	当前日
DateTime.Now.Hour	当前小时
DateTime.Now.Minute	当前分钟
DateTime.Now.Second	当前秒
DateTime.Now.DayOfWeek	当前星期几
DateTime.Now.AddDays(天数)	增减指定天数后的日期时间

2.6.2　Math 类

Math 类为数学类，属于 System 命名空间。Math 类提供了一些常用的数学方法与属性，如表 2-4 所示。

表 2-4　Math 类的常用属性与方法

属性/方法	说　明
Math.PI	圆周率
Math.Abs(数值)	绝对值
Math.Max(数值 1,数值 2)	最大值
Math.Min(数值 1,数值 2)	最小值
Math.Pow(底数,指数)	乘方运算
Math.Round(实数[,小数位数])	四舍五入

2.6.3　Random 类

Random 类为随机类，提供了产生伪随机数的方法。不过，这些方法必须通过相应的随机对象调用。

创建随机对象的基本格式为：

```
Random 随机对象名=new Random();
```

借助于所创建的随机对象，即可调用相应的方法来产生所需要的随机数。随机对象的常用方法如表 2-5 所示。

表 2-5 随机对象的常用方法

方 法	说 明
随机对象名.Next()	产生随机整数
随机对象名.Next(正整数)	产生 0 至指定正整数之间的随机整数
随机对象名.Next(整数 1,整数 2)	产生指定两个整数之间的随机整数
随机对象名.NextDouble()	产生 0.0 至 1.0 之间的随机实数

2.6.4 String 类

String 类为字符串类,提供了一些常用的字符串方法与属性。字符串的常用属性与方法如表 2-6 所示。

表 2-6 字符串的常用属性与方法

属性/方法	说 明
字符串.Length	字符串长度
字符串.Trim()	删除字符串前后的空格
字符串.ToLower()	将字符串转换为小写形式
字符串.ToUpper()	将字符串转换为大写形式
字符串.IndexOf(子串,起始位置)	查找子串位置
字符串.LastIndexOf(子串)	查找子串最后一次出现的位置
字符串.SubString(起始位置[,字符数])	截取子串
字符串.Remove(起始位置[,字符数])	删除子串
字符串.Replace(源子串,替换子串)	替换子串
源字符串.ComplareTo(目标字符串)	字符串比较。若返回值为 0,则源字符串与目标字前串相等;若返回值为 1,则源字符串大于目标字前串;若返回值为-1,则源字符串小于目标字前串

2.7 程序设计实例

C#是一种完全面向对象的程序设计语言,采用事件驱动机制以及面向对象的程序设计方法,但对于具体的代码块来说,仍然涉及流程控制问题。其实,面向对象的程序设计方法包容了面向过程的结构化程序设计方法。结构化程序设计方法使用顺序、选择、循环 3 种基本控制结构,尽量避免语句间的随意跳转,并采用自顶向下、逐步求精、模块化设计等原则。

对于 ASP.NET 应用的开发来说,最常用的基本控件是标签控件(Label)、文本框控件(TextBox)与命令按钮控件(Button)。其中,标签控件主要用于在页面中显示文本信息,如输出的结果、输入的提示等;文本框控件主要用于在页面中提供输入界面,以便让用户输入相应的数据;命令按钮则用于提供用户与程序进行交互的手段。在程序运行过程中,用户可通过单击页面中的某个按钮来触发实现某种特定功能的程序段(即事件处理程序)。

【实例2-7】设计一个"猜数游戏(0~9)"页面RandomNumber.aspx(如图2-12所示)。

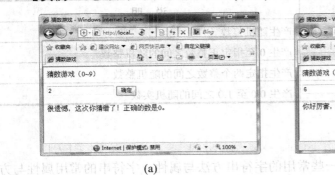

(a)　　　　　　　　　　　　　　　　(b)

图2-12　RandomNumber.aspx页面

设计步骤:

(1) 在网站WebSite02中添加一个新的ASP.NET页面RandomNumber.aspx,并添加相应的控件(如图2-13所示)。其中,用于输入数字的文本框控件为TextBox_Number,用于显示相应结果的标签控件为Label_Result。

图2-13　RandomNumber.aspx 页面的控件

(2) 声明页面级变量。

```
int myNumber,randomNumber;
Random r = new Random();
```

【说明】页面级(窗体级)变量在所有事件方法之外声明,可在各方法内直接使用。

(3) 编写页面Load事件的方法代码。

```
protected void Page_Load(object sender, EventArgs e)
{
    randomNumber = r.Next(9);
}
```

(4) 编写"确定"按钮Click(单击)事件的方法代码。

```
protected void Button1_Click(object sender, EventArgs e)
{
    try
    {
        myNumber = Convert.ToInt16(TextBox_Number.Text);
        if (myNumber == randomNumber)
            Label_Result.Text = "你好厉害,居然猜对了!";
        else
        {
            Label_Result.Text = "很遗憾,这次你猜错了!正确的数是" +
                                randomNumber.ToString() + "。";
        }
        randomNumber = r.Next(9);
```

```
        }
        catch (Exception ex)
        {
            Label_Result.Text = "错误: " + ex.Message;
        }
}
```

【说明】在本实例中，先创建随机类 Random 的实例 r，然后调用实例 r 的 Next()方法产生一个 0~9 的随机整数。

本 章 小 结

本章简要地介绍了 C#的概况，详细讲解了 C#的基本语法，并通过具体实例说明了 C#基本语句的使用方法、类与对象的基本用法以及命名空间的定义与引用方法。此外，还简要介绍了 C#中常用系统类的有关属性与主要方法。通过本章的学习，应熟知 C#的基本语法与相关用法，并掌握 ASP.NET 中 C#程序设计的基本技术。

思 考 题

1. C#的数据类型可分为哪两大类？
2. C#的值类型主要有哪些？
3. C#的引用类型主要有哪些？
4. C#的常量可分为哪几种？
5. 在 C#中，如何声明变量？如何对变量进行初始化与赋值？
6. 在 C#中，如何进行数据类型的强制转换？
7. 请简述 Parse 方法与 ToString 方法的基本用法。
8. Convert 类的常用方法有哪些？其功能是什么？
9. C#的运算符主要分为哪几种？各有哪些运算符？
10. 请简述 C#运算符的优先级与结合性。
11. C#的数组分为哪几种？
12. 请简述数组的声明、创建与初始化方法。
13. 如何访问数组元素？
14. C#的基本语句可分为哪几种类型？
15. C#的分支语句有哪些？请简述其基本用法。
16. C#的循环语句有哪些？请简述其基本用法。
17. C#的跳转语句有哪些？请简述其基本用法。
18. 请简述 C#异常处理语句的基本格式与使用要点。
19. 在 C#中，如何声明类？类的成员主要有哪些？类成员的访问修饰符有哪些？
20. 在 C#中，如何创建对象？如何访问对象的成员？
21. 在 C#中，如何定义、引用命名空间？

22. DateTime 类的常用属性与方法有哪些？
23. Math 类的常用属性与方法有哪些？
24. 请简述 Random 类的基本用法。
25. 请简述 String 类的基本用法。
26. 对于 ASP.NET 应用的开发来说，最常用的基本控件有哪些？各有何作用？

【例题】本大家例中，先创建并实现化 Random 的实例后，然后利用它的 Next()方法产生一个 0~9 的随机整数。

本章小结

本章简要地介绍了 C#语言概述，特地讲解了 C#的语法基础，并通过具体的实例说明了 C#基本语句的应用方法，常见类的基本用法以及常量的定义和引用方法。此外，还介绍了 C#中函数的定义、调用和重构的主要方法，通过本章的学习，应熟知 C#的基本语言知识和应用，并掌握 ASP.NET 中 C#编程序中的基本技术。

思考题

1. C#的保留关键字有多少类别的人？
2. C#的词汇是由多少种组成？
3. C#的4个关键字有何作用？
4. C#的常量有多少类几种？
5. 在 C#中，如何声明变量？如何对变量进行初始化或赋值？
6. 在 C#中，如何对比数据类型的强制转换？
7. 请简述 Parse 方法与 ToString 方法的基本用法。
8. Convert 类的方法有何不同？其用途是什么？
9. C#的运算符主要有哪几种？各有何用途及其特点？
10. 请简述 C#表达式的优先级别法。
11. C#的控制语句有哪几种？
12. 请简述数组的定义、创建和初始化方法。
13. 字符串为结构？
14. C#的基本构造可以分为哪几种类型？
15. C#的分支流程有哪些？请简述其基本用法。
16. C#的循环方式有哪几种？请简述其基本用法。
17. C#的跳转方式有哪几种？请简述其基本用法。
18. 请简述 C#异常处理语句的基本用法及用法。
19. 在 C#中，如何声明类？各有几种主要类型？类在类的运行过程中如何？
20. 在 C#中，如何创建对象？如何对对象的属性？
21. 在 C#中，何为方法，引用的含义是？

第 3 章

ASP.NET 服务器控件

对于 ASP.NET 来说，服务器控件的作用是至关重要的。借助于服务器控件，可轻松实现 ASP.NET 页面的界面设计，并实现所需要的功能。

本章要点：服务器控件简介；标准控件；验证控件；用户控件。

学习目标：了解 ASP.NET 服务器控件的概况；掌握各类 ASP.NET 标准控件的主要用法；掌握各种 ASP.NET 验证控件的基本用法；掌握 ASP.NET 用户控件的创建与使用方法。

3.1 服务器控件简介

服务器控件是 ASP.NET 页面或 Web 窗体编程模型的重要元素与主要构件，可用于轻松实现页面的界面设计，或通过编程完成相应的功能。其实，ASP.NET 服务器控件就是在服务器上执行程序逻辑的组件。作为一个对象，每个服务器控件都具有相应的成员，如属性、事件、方法等。

通常情况下，服务器控件包含在 ASP.NET 页面中。当页面运行时，其中的有关控件将动态地转换为相应的 HTML 标记(有时还包括一些 JavaScript 代码)，从而在客户端的浏览器中呈现出相应的用户界面，并实现与用户的各种交互操作，包括输入数据、触发事件、提交表单、显示结果等。

ASP.NET 提供了大量的服务器控件。许多服务器控件类似于大家所熟悉的 HTML 元素，如按钮、文本框等。也有一些控件具有较为复杂的行为，如日历控件、文件上传控件等。使用服务器控件，可极大地简化 Web 应用程序的开发，并提高其开发效率。

3.1.1 服务器控件的分类

在 ASP.NET 中，服务器控件可分为两大类，即 HTML 服务器控件与 Web 服务器控件。

1. HTML 服务器控件

HTML 服务器控件是由 System.Web.UI.HtmlControls 类实现的，其实就是 HTML 标记的可编程版本，基本上对应于传统的 HTML 标记。

在 HTML 标记中添加 runat 属性并将其值设置为 server，即可将该 HTML 标记转变为相应的 HTML 服务器控件。以文本框为例，其 HTML 标记与 HTML 服务器控件的代码分别如下：

```
<!-- HTML 标记 -->
<input id="Text1" type="text" />
<!-- HTML 服务器控件 -->
<input id="Text1" type="text" runat="server" />
```

可见，HTML 服务器控件是由 HTML 标记衍生而来的。由于 HTML 标记的属性一般只能静态地设置，在程序运行过程中通常不能被修改，因此很不灵活。为弥补此项不足，ASP.NET 提供了相应的 HTML 服务器控件，并允许在程序运行过程中动态地读取或设置其属性，从而产生动态的网页。

HTML 服务器控件与 HTML 标记的主要区别在于前者是在服务器端运行的，而后者则是在客户端的浏览器中进行解释的。

2. Web 服务器控件

Web 服务器控件是由 System.Web.UI.WebControls 类实现的，是 .NET 针对 Web 表单提供的全新的解决方案，与 HTML 标记并不一一对应。以文本框为例，其 Web 服务器控件的基本代码如下：

```
<asp:TextBox ID="TextBox1" runat="server"></asp:TextBox>
```

作为 Web 服务器控件，其标记名均有一个同样的前缀，即"asp:"。

与 HTML 服务器控件相比，Web 服务器控件的功能更加强大。因此，在开发全新的 ASP.NET 应用程序时，最好使用 Web 服务器控件。

在 ASP.NET 中，Web 服务器控件又可分为多种不同的类别，包括标准控件、数据控件、验证控件、导航控件、登录控件以及用户控件等。

3.1.2 服务器控件的添加与删除

1. 服务器控件的添加

要在 ASP.NET 页面(或 Web 窗体)中添加相应的服务器控件，可在 VS 中采用以下 3 种常用方法之一。

- 在工具箱(如图 3-1 所示)中双击控件。
- 将控件从工具箱中拖曳至 ASP.NET 页面中。
- 在源视图下直接编写控件代码。

2. 服务器控件的删除

对于页面中不再需要的服务器控件，可随时将其删除掉。为此，可采用以下两种常用方法之一。

- 选中控件后，再按 Delete 键。
- 右击控件，然后在快捷菜单中选择"删除"菜单项。

图 3-1　工具箱

3.1.3 服务器控件的属性、方法与事件

1. 服务器控件的属性

服务器控件的属性主要用来设置控件的外观，如颜色、大小、字体等。如表 3-1 所示，为各种服务器控件所共有的一些属性及其说明。

表 3-1　服务器控件的一些共有属性及其说明

属　性	说　明	属　性	说　明
AccessKey	控件对应的键盘快捷键	Font-Overline	字体是否使用上划线
BackColor	控件的背景色	Font-Size	字体的大小
BorderColor	控件的边框颜色	Font-Strikeout	字体是否使用删除线

续表

属性	说明	属性	说明
BorderStyle	控件的边框样式	Font-Underline	字体是否使用下划线
BorderWidth	控件边框的宽度	ForeColor	控件的前景色
CSSClass	用于该控件的 CSS 类名	Height	控件的高度
Enable	控件是否处于启用状态	TabIndex	控件的 Tab 键顺序
Font-Bold	字体是否为粗体	Text	控件上显示的文本
Font-Italic	字体是否为斜体	ToolTip	鼠标指针置于控件之上时显示的提示
Font-Name	控件使用的首选字体	Width	控件的宽度
Font-Names	控件使用字体的序列	Visible	控件是否可见

【实例 3-1】设计一个显示提示信息的页面 TsXx.aspx(如图 3-2 所示)。

图 3-2 TsXx.aspx 页面

设计步骤：

(1) 创建一个 ASP.NET 网站 WebSite03。

(2) 在网站 WebSite03 中添加一个新的 ASP.NET 页面 TsXx.aspx，并在其中添加两个标签控件，其代码如下：

```
<asp:Label ID="Label1" runat="server" Text="Label"></asp:Label>
<br />
<br />
<asp:Label ID="Label2" runat="server" Text="Label"></asp:Label><br />
```

(3) 在Label1控件的"属性"子窗口中分别将Text、ForeColor、BackColor属性设置为"操作成功！"、Blue、Red。相应地，该控件的代码将自动修改为：

```
<asp:Label ID="Label1" runat="server" Text="操作成功！" BackColor="Red" 
ForeColor="Blue"></asp:Label>
```

(4) 在网站WebSite03中添加一个样式表文件StyleSheet.css，其代码如下：

```
.label
{
    color: #FF0000;
    background-color: #00FF00;
}
```

(5) 在TsXx.aspx页面中引用StyleSheet.css样式表文件。为此，只需从"解决方案资源管理器"子窗口中将StyleSheet.css样式表文件拖放至TsXx.aspx页面的设计视图中即可。此操作将在TsXx.aspx页面中添加以下代码：

```
<link href="StyleSheet.css" rel="stylesheet" type="text/css" />
```

(6) 在Label2控件的"属性"子窗口中分别将Text、CssClass属性设置为"操作成功！"、label。相应地，该控件的代码将自动修改为：

```
<asp:Label ID="Label2" runat="server" Text="操作成功！" CssClass="label"></asp:Label>
```

【说明】正如本实例所示，控件的外观既可通过属性直接设置，也可通过CSS样式表进行控制。

2. 服务器控件的方法

服务器控件的方法主要用来完成某些特定的任务，如获取控件的类型、使控件获得焦点等。如表3-2所示，为各种服务器控件所共有的一些方法及其说明。

表3-2 服务器控件的一些共有方法及其说明

方法	说明
DataBind	绑定数据
Dispose	销毁控件
Focus	获取输入焦点
FindControl	在子控件集合中查找控件
GetType	获取控件的类型
HasControls	是否包含有子控件

【实例3-2】设计一个显示控件类型的页面KjLx.aspx(如图3-3所示)。

图3-3 KjLx.aspx 页面

设计步骤：

(1) 在网站WebSite03中添加一个新的ASP.NET页面KjLx.aspx，并添加两个文本框控件，其代码如下：

```
<input id="Text1" type="text" runat="server" value="文本框(HTML 服务器控
件)" /><br />
<asp:TextBox ID="TextBox1" runat="server" Text="文本框(Web 服务器控
件)"></asp:TextBox>
```

(2) 在页面的 Page_Load 方法中编写以下代码：

```
Response.Write(Text1.GetType().ToString()+"<br>");
Response.Write(TextBox1.GetType().ToString());
```

【说明】在本实例中，通过调用控件的 GetType()方法获取其类型信息。

3. 服务器控件的事件

服务器控件的事件可在适当的时候被触发。这样，通过编写事件处理程序，可在事件被触发时自动完成相应的操作或任务。如表 3-3 所示，为各种服务器控件所共有的一些事件及其说明。

表 3-3 服务器控件的一些共有事件及其说明

事件	说明
DataBinding	当一个控件上的 DataBind 方法被调用并且该控件被绑定到一个数据源时发生
Disposed	从内存中释放控件时发生(控件生命周期的最后一个阶段)
Init	控件被初始化时发生(控件生命周期的第一个阶段)
Load	将控件载入页面时发生(该事件发生在 Init 事件之后)
PreRender	控件准备生成其内容时发生
Unload	从内存中卸载控件时发生

【实例 3-3】设计一个利用控件的初始化事件对控件进行初始化设置的页面 KjCsh.aspx（如图 3-4 所示）。

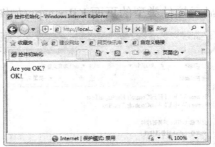

图 3-4 KjCsh.aspx 页面

设计步骤：

(1) 在网站 WebSite03 中添加一个新的 ASP.NET 页面 KjCsh.aspx，并添加两个标签控件，同时在"属性"子窗口中将其 Text 属性均设置为"Are you OK?"，具体代码如下。

```
<asp:Label ID="Label1" runat="server" Text="Are you OK?"></asp:Label>
<br />
<asp:Label ID="Label2" runat="server" Text="Are you OK?"></asp:Label>
```

(2) 在第二个标签控件"属性"子窗口的事件列表中双击初始化事件 Init 的下拉列表框(如图 3-5 所示),打开页面的程序代码文件 KjCsh.aspx.cs,并在其中的 Label2_Init 方法中编写以下代码:

```
Label2.Text = "OK!";
```

【说明】在本实例中,利用初始化事件 Init 将标签控件 Label2 的 Text 属性初始化为"OK!"。

图 3-5 事件列表

3.2 标 准 控 件

为便于页面的设计,ASP.NET 提供了大量的标准服务器控件。在此,将分门别类地介绍一些常用的标准控件。

3.2.1 标签控件

标签控件即 Label 控件,主要用于显示无需进行编辑的文本,如标题文字、提示信息等。Label 控件的标记为<asp:Label>,如以下示例:

```
<asp:Label ID="Label1" runat="server" Text="Label"></asp:Label>
```

Label 控件最为常用的属性为 Text 属性,其值即为在标签中所显示的信息文本。

3.2.2 文本框控件

文本框控件即 TextBox 控件,主要用于输入或显示文本。TextBox 控件的标记为<asp:TextBox >,如以下示例:

```
<asp:TextBox ID="TextBox1" runat="server"></asp:TextBox>
```

TextBox 控件的常用属性如表 3-4 所示。

表 3-4 TextBox 控件的常用属性

属 性	说 明
Text	文本框中的文本内容
TextMode	文本模式(或行为模式)。若其值为 SingleLine,则为单行编辑框(单行模式),只能输入单行文本;若其值为 Password,则为密码编辑框(密码模式),可将用户输入的字符以特殊字符(如黑点)代替;若其值为 MultiLine,则为多行编辑框(多行模式),可以输入多行文本
Columns	文本框的宽度
MaxLength	文本框中可输入的最大字符数
Rows	文本框的行数(只在多行模式时有效)
ReadOnly	是否只读。其默认值为 False,处于非只读状态。若将其设置为 True,则为只读状态
AutoPostBack	是否自动回发。其默认值为 False,处于非自动回发状态。若将其设置为 True,则可自动回发(即在文本修改之后自动回发至服务器)

TextBox 控件的常用事件为 TextChanged 事件。若 TextBox 控件可自动回发,则当文本框的内容发生更改时,将触发该事件。

【实例 3-4】设计一个用户注册页面 YhZc.aspx(如图 3-6 所示),单击"确定"按钮时可显示用户所输入的内容。

 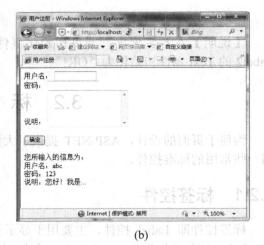

(a)　　　　　　　　　　　　　　　(b)

图 3-6　YhZc.aspx 页面

设计步骤:

(1) 在网站 WebSite03 中添加一个新的 ASP.NET 页面 YhZc.aspx,并添加相应的控件(如图 3-7 所示)。其中,有关控件及其主要属性设置如表 3-5 所示。

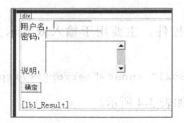

图 3-7　YhZc.aspx 页面的控件

表 3-5　有关控件及其主要属性设置

控　件	属　性　名	属　性　值
"用户名"文本框	ID	tb_username
	AutoPostBack	True
	TextMode	SingleLine
	Columns	10
	MaxLength	10
"密码"文本框	ID	tb_paswword
	TextMode	Password
	Columns	15
	MaxLength	15

控 件	属 性 名	属 性 值
"说明"文本框	ID	tb_remark
	TextMode	MultiLine
	Rows	5
信息显示标签	id	lbl_Result

(2) 编写"用户名"文本框 TextChanged(文本改变)事件的方法代码。

```
protected void tb_username_TextChanged(object sender, EventArgs e)
{
    lbl_Result.Text = "您所输入的用户名为:" + tb_username.Text;
}
```

(3) 编写"确定"按钮 Click(单击)事件的方法代码。

```
protected void Button1_Click(object sender, EventArgs e)
{
    lbl_Result.Text = "您所输入的信息为:";
    lbl_Result.Text = lbl_Result.Text + "<br>用户名:" + tb_username.Text;
    lbl_Result.Text = lbl_Result.Text+"<br>密码:" + tb_paswword.Text;
    lbl_Result.Text = lbl_Result.Text + "<br>说明:" + tb_remark.Text;
    tb_username.Text = "";
    tb_paswword.Text = "";
    tb_remark.Text = "";
    tb_username.Focus();
}
```

【说明】

(1) TextBox 控件的 3 种文本模式(单行、密码与多行)是通过其 TextMode 属性进行设置的。

(2) 要获取或设置 TextBox 控件中的文本内容,应使用其 Text 属性。

(3) 要利用 TextBox 控件的 TextChanged 事件,应将其 AutoPostBack 属性设置为 True。

3.2.3 按钮类控件

在 ASP.NET 中,按钮类控件主要有 3 种,即按钮控件(Button)、链接按钮控件(LinkButton)与图像按钮控件(ImageButton)。

1. 按钮控件

按钮控件即 Button 控件,又可分为两种,即提交(Summit)按钮控件与命令(Command)按钮控件。Button 控件的标记为<asp:Button>,如以下示例:

```
<asp:Button ID="Button1" runat="server" Text="Button" />
```

提交按钮控件只是将 Web 页面发送到服务器,并无与控件相关联的命令名与命令参数;而命令按钮控件则具有与控件相关联的命令名与命令参数。默认情况下,Button 控件为提交按钮控件。

Button 控件的常用属性、事件分别如表 3-6、表 3-7 所示。

表 3-6 Button 控件的常用属性

属 性	说 明
Text	按钮上显示的文本信息
CausesValidation	是否在单击时执行验证。对于"重置"与"取消"等按钮，应设置为 False，以避免激发验证控件的验证
OnClientClick	单击时要在客户端执行的脚本。如 window.external.addFavorite('http://www.gxufe.cn', '广西财经学院')、alert('Hello, World!')
PostBackUrl	单击时要跳转到的 URL。如 Index.aspx、http://www.gxufe.cn

表 3-7 Button 控件的常用事件

事 件	说 明
Click	单击按钮时触发
Command	单击按钮时触发。与 Click 事件相比，功能更强大，可通过 CommandName、CommandArgument 属性向其传递与按钮相关的命令名与命令参数

【实例 3-5】设计一个信息显示页面 XxXs.aspx(如图 3-8 所示)，单击各个按钮时可显示相应的信息。

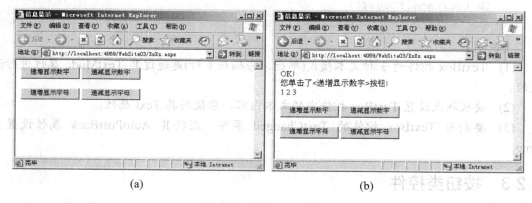

(a)　　　　　　　　　　　　　　(b)

图 3-8 XxXs.aspx 页面

设计步骤：

(1) 在网站 WebSite03 中添加一个新的 ASP.NET 页面 XxXs.aspx，并添加相应的控件(如图 3-9 所示)。其中，有关控件及其主要属性设置如表 3-8 所示。

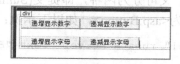

图 3-9 XxXs.aspx 页面的控件

第 3 章 ASP.NET 服务器控件

表 3-8 有关控件及其主要属性设置

控件	属性名	属性值
"递增显示数字"按钮	Text	递增显示数字
	CommandName	ShowNumbers_Asc
	CommandArgument	Asc
"递减显示数字"按钮	Text	递减显示数字
	CommandName	ShowNumbers_Desc
	CommandArgument	Desc
"递增显示字母"按钮	Text	递增显示字母
	CommandName	ShowLetters_Asc
	CommandArgument	Asc
"递减显示字母"按钮	Text	递减显示字母
	CommandName	ShowLetters_Desc
	CommandArgument	Desc

(2) 编写按钮 Click(单击)事件方法 Button_Click 的代码。

```
protected void Button_Click(object sender, EventArgs e)
{
    Response.Write("OK!<br>");
}
```

(3) 编写方法 ShowNumbers 的代码。

```
protected void ShowNumbers(object commandArgument)
{
    if (commandArgument.ToString() == "Asc")
        Response.Write("1 2 3");
    else
        Response.Write("3 2 1");
}
```

(4) 编写方法 ShowLetters 的代码。

```
protected void ShowLetters(object commandArgument)
{
    if (commandArgument.ToString() == "Asc")
        Response.Write("a b c");
    else
        Response.Write("c b a");
}
```

(5) 编写按钮 Command(命令)事件方法 Button_Command 的代码。

```
protected void Button_Command(object sender, CommandEventArgs e)
{
    switch (e.CommandName)
    {
```

```
        case "ShowNumbers_Asc":
            Response.Write("您单击了<递增显示数字>按钮!<br>");
            ShowNumbers(e.CommandArgument);
            break;
        case "ShowNumbers_Desc":
            Response.Write("您单击了<递减显示数字>按钮!<br>");
            ShowNumbers(e.CommandArgument);
            break;
        case "ShowLetters_Asc":
            Response.Write("您单击了<递增显示字母>按钮!<br>");
            ShowLetters(e.CommandArgument);
            break;
        case "ShowLetters_Desc":
            Response.Write("您单击了<递减显示字母>按钮!<br>");
            ShowLetters(e.CommandArgument);
            break;
        default:
            break;
    }
}
```

(6) 分别将各按钮的 Click、Command 事件关联至方法 Button_Click、Button_Command (如图 3-10 所示)。

【说明】

(1) Button 控件的常用事件为 Click 事件与 Command 事件，均在单击控件时触发，但 Click 事件先于 Command 事件。与 Click 事件相比，Command 事件功能更强大，可通过 CommandName、CommandArgument 属性传递相关的名称与参数。

(2) 必要时，可将各控件的有关事件关联至某个自定义的共用方法。

图 3-10　事件列表

2. 链接按钮控件

链接按钮控件即 LinkButton 控件，该控件在功能上与 Button 控件相似，但以超链接的方式显示。LinkButton 控件的标记为<asp:LinkButton>，如以下示例：

```
<asp:LinkButton ID="LinkButton1" runat="server">
LinkButton</asp:LinkButton>
```

3. 图像按钮控件

图像按钮控件即 ImageButton 控件，该控件在功能上与 Button 控件相似，但可显示一个图像。ImageButton 控件的标记为<asp:ImageButton>，如以下示例：

```
<asp:ImageButton ID="ImageButton1" runat="server" /></div>
```

ImageButton 控件的常用属性如表 3-9 所示。

表 3-9 ImageButton 控件的常用属性

属　性	说　明
ImageUrl	要显示图像的 URL
AlternateText	指定的图像不可用时所显示的文本信息

【实例 3-6】设计一个首页跳转页面 SyTz.aspx(如图 3-11 所示)，单击其中的"首页"按钮、链接或图像时将自动跳转至央视网的首页。

设计步骤：

(1) 将所需要的图像文件 Home.gif 置于网站 WebSite03 的子文件夹 images 中。

(2) 在网站 WebSite03 中添加一个新的 ASP.NET 页面 SyTz.aspx，并添加相应的控件(如图 3-12 所示)。其中，有关控件及其主要属性设置如表 3-10 所示。

图 3-11 SyTz.aspx 页面

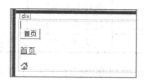

图 3-12 SyTz.aspx 页面的控件

表 3-10 有关控件及其主要属性设置

控　件	属 性 名	属 性 值
"首页"命令按钮	Text	首页
	PostBackUrl	http://www.cctv.com/
"首页"链接按钮	Text	首页
	PostBackUrl	http://www.cctv.com/
"首页"图像按钮	ImageUrl	~/images/Home.gif
	AlternateText	首页
	PostBackUrl	http://www.cctv.com/

【说明】在本实例中，虽然"首页"命令按钮、链接按钮与图像按钮的表现形式各异，但其作用是一样的。

3.2.4 选择类控件

在 ASP.NET 中，选择类控件较为多样，包括列表控件(ListBox)与下拉列表控件

(DropDownList)、单选按钮控件(RadioButton)与单选按钮列表控件(RadioButtonList),以及复选框控件(CheckBox)与复选框列表控件(CheckBoxList)。

1. 列表控件

列表控件即 ListBox 控件,用于通过列表框显示一组列表项,供用户从中进行选择(可选择一项或多项)。若列表项的总数超出列表框可以同时显示的项数,则列表框会自动出现滚动条。ListBox 控件的标记为<asp:ListBox>,如以下示例:

```
<asp:ListBox ID="ListBox1" runat="server">
</asp:ListBox>
```

ListBox 控件的常用集合与属性如表 3-11 所示。

表 3-11 ListBox 控件的常用集合与属性

集合/属性	说 明
Items	列表项的集合
SelectionMode	列表项的选择模式。若其值为 Single,则为单选模式,只能在列表框中选中一项;若其值为 Multiple,则为多选模式,可以在列表框中同时选中多项
SelectedItem	最小索引的选中项
SelectedIndex	选中项的最小索引。通过设置该属性,可预先选中相应的项
SelectedValue	最小索引的选中项的值。通过设置该属性,可预先选中相应的项
DataSource	列表项的数据源。通常为数组或集合

ListBox 控件的常用方法为 DataBind()方法。该方法用于将 DataSource 属性所指定的数据源绑定到控件上。

ListBox 控件的常用事件为 SelectedIndexChanged 事件。该事件当列表框中的选中项被改变时触发。

【实例 3-7】设计一个星期列表页面 XqLb.aspx(如图 3-13 所示),单击星期列表框中的各个选项时即可显示所选项的信息。

设计步骤:

(1) 在网站 WebSite03 中添加一个新的 ASP.NET 页面 XqLb.aspx,并添加相应的控件(如图 3-14 所示)。其中,有关控件及其主要属性设置如表 3-12 所示。

图 3-13 XqLb.aspx 页面

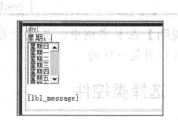

图 3-14 XqLb.aspx 页面的控件

第3章 ASP.NET 服务器控件

表 3-12 有关控件及其主要属性设置

控 件	属 性 名	属 性 值
星期列表框	ID	lb_xq
	AutoPostBack	True
	SelectionMode	Single
	Rows	5
	Items	通过 ListItem 集合编辑器添加各个选项并设置其有关属性(如图 3-15 所示)
信息显示标签	ID	lbl_message

图 3-15 ListItem 集合编辑器

(2) 编写星期列表框控件 lb_xq 的 SelectedIndexChanged 事件的方法代码。

```
protected void ListBox_Xq_SelectedIndexChanged(object sender,
                                               EventArgs e)
{
    lbl_message.Text = "当前所选项为: " + lb_xq.SelectedItem.Text;
    lbl_message.Text += "<br>其实际取值为: " + lb_xq.SelectedItem.Value;
    // lbl_message.Text += "<br>其实际取值为: " + lb_xq.SelectedValue;
    // lbl_message.Text += "<br>其实际取值为: " + lb_xq.Text;
}
```

【说明】

(1) ListBox 控件(列表框控件)的选择模式有单选(Single)与多选(Multiple)两种，可通过其 SelectionMode 属性进行设置。

(2) ListBox 控件中的选项既可在设计时使用 ListItem 集合编辑器直接添加，也可在运行时通过程序代码动态添加。对于本实例，可在页面的 Page_Load 方法中编写代码以实现星期列表框控件选项的动态添加(或初始化)。例如:

```
protected void Page_Load(object sender, EventArgs e)
{
    if (!IsPostBack)
    {
        string[] xq_Text = { "星期日", "星期一", "星期二", "星期三", "星期
                            四", "星期五", "星期六" };
        string[] xq_Value = { "0", "1", "2", "3", "4", "5", "6" };
```

```
for (int i = 0; i <= xq_Text.Length; i++)
{
    ListItem myListItem = new ListItem();
    myListItem.Text = xq_Text[i];
    myListItem.Value = xq_Value[i];
    lb_xq.Items.Add(myListItem);
}
```

其中，for 语句用于循环控制选项的添加。在此，各个选项均设置了相应的显示文本与实际取值。若将该 for 语句的循环体修改为 "lb_xq.Items.Add(xq_Text[i]);"，则所添加的各个选项的实际取值与其显示文本是一致的。

ListBox 控件选项的动态添加也可采用绑定数据源的方式。例如：

```
string[] xq_Text = { "星期日", "星期一", "星期二", "星期三", "星期四", "星期五", "星期六" };
lb_xq.DataSource = xq_Text;
lb_xq.DataBind();
```

在此，所添加的各个选项的实际取值与其显示文本也是一致的。

(3) 为获取 ListBox 控件的选中项(多选模式时则为最小索引的选中项)，可使用其 SelectedItem 属性。该选中项的显示文本与实际取值可通过其 Text 与 Value 属性获取。

(4) 为获取 ListBox 控件中当前选中项(多选模式时则为最小索引的选中项)的值，可使用其 SelectedValue(或 Text)属性。反之，通过设置 SelectedValue(或 Text)属性，可选中 ListBox 控件中相应的选项。

(5) 为获取 ListBox 控件中当前选中项(多选模式时则为最小索引的选中项)的索引，可使用其 SelectedIndex 属性。反之，通过设置 SelectedIndex 属性，可选中 ListBox 控件中相应的选项。

【实例 3-8】设计一个运动选择页面 YdXz.aspx(如图 3-16 所示)，通过其中的各个按钮可任意选择所喜欢的运动。

设计步骤：

(1) 在网站 WebSite03 中添加一个新的 ASP.NET 页面 YdXz.aspx，并添加相应的控件(如图 3-17 所示)。其中，有关控件及其主要属性设置如表 3-13 所示。

图 3-16 YdXz.aspx 页面

图 3-17 YdXz.aspx 页面的控件

第 3 章 ASP.NET 服务器控件

表 3-13 有关控件及其主要属性设置

控 件	属 性 名	属 性 值
"可选的运动"列表框	ID	ListBox1
	SelectionMode	Multiple
	Rows	5
	Items	通过 ListItem 集合编辑器添加各个选项并设置其有关属性(如图 3-18 所示)
"已选的运动"列表框	ID	ListBox2
	SelectionMode	Multiple
	Rows	5

图 3-18 ListItem 集合编辑器

(2) 编写 ">>" 按钮 Button1 的 Click(单击)事件的方法代码。

```
protected void Button1_Click(object sender, EventArgs e)
{
    int count = ListBox1.Items.Count;
    int index=0,i;
    for (i = 0; i < count; i++)
    {
        ListItem item = ListBox1.Items[index];
        ListBox1.Items.Remove(item);
        ListBox2.Items.Add(item);
    }
}
```

(3) 编写 ">" 按钮 Button2 的 Click(单击)事件的方法代码。

```
protected void Button2_Click(object sender, EventArgs e)
{
    int count = ListBox1.Items.Count;
    int index = 0, i;
    for (i = 0; i < count; i++)
    {
```

```
        ListItem item = ListBox1.Items[index];
        if (item.Selected == true)
        {
            ListBox1.Items.Remove(item);
            ListBox2.Items.Add(item);
            index--;
        }
        index++;
    }
}
```

(4) 编写"<"按钮 Button3 的 Click(单击)事件的方法代码。

```
protected void Button3_Click(object sender, EventArgs e)
{
    int count = ListBox2.Items.Count;
    int index = 0, i;
    for (i = 0; i < count; i++)
    {
        ListItem item = ListBox2.Items[index];
        if (item.Selected == true)
        {
            ListBox2.Items.Remove(item);
            ListBox1.Items.Add(item);
            index--;
        }
        index++;
    }
}
```

(5) 编写"<<"按钮 Button4 的 Click(单击)事件的方法代码。

```
protected void Button4_Click(object sender, EventArgs e)
{
    int count = ListBox2.Items.Count;
    int index = 0, i;
    for (i = 0; i < count; i++)
    {
        ListItem item = ListBox2.Items[index];
        ListBox2.Items.Remove(item);
        ListBox1.Items.Add(item);
    }
}
```

【说明】

(1) ListBox 控件中选项的总数可通过其 Items 集合的 Count 属性获取。

(2) ListBox 控件中各选项的引用可根据其索引通过其 Items 集合实现。

(3) ListBox 控件中各选项的动态添加与删除可通过其 Items 集合的 Add 与 Remove 方法实现。

2. 下拉列表控件

下拉列表控件即 DropDownList 控件。该控件与 ListBox 控件的使用方法类似，但只允许用户每次从下拉列表中选择一项，而且在正常状态下只在编辑框中显示当前所选中的那个选项。DropDownList 控件的标记为<asp:DropDownList>，如以下示例：

```
<asp:DropDownList ID="DropDownList1" runat="server">
</asp:DropDownList>
```

DropDownList 控件的常用集合与属性如表 3-14 所示。

表 3-14　DropDownList 控件的常用集合与属性

集合/属性	说　　明
Items	列表项的集合
SelectedItem	选中项
SelectedIndex	选中项的索引。通过设置该属性，可预先选中相应的项
SelectedValue	选中项的值。通过设置该属性，可预先选中相应的项
DataSource	列表项的数据源。通常为数组或集合

DropDownList 控件的常用方法为 DataBind()方法。该方法用于将 DataSource 属性所指定的数据源绑定到控件上。

DropDownList 控件的常用事件为 SelectedIndexChanged 事件。该事件当下拉列表中的选中项被改变时触发。

【实例 3-9】设计一个星期选择页面 XqXz.aspx(如图 3-19 所示)，单击星期下拉列表中的各个选项时即可显示所选项的信息。

设计步骤：

(1) 在网站 WebSite03 中添加一个新的 ASP.NET 页面 XqXz.aspx，并添加相应的控件(如图 3-20 所示)。其中，有关控件及其主要属性设置如表 3-15 所示。

图 3-19　XqXz.aspx 页面

图 3-20　XqXz.aspx 页面的控件

表 3-15　有关控件及其主要属性设置

控　件	属　性　名	属　性　值
"星期"下拉列表	ID	ddl_xq
	AutoPostBack	True
信息显示标签	ID	lbl_message

(2) 编写页面 Load 事件的方法代码。

```
protected void Page_Load(object sender, EventArgs e)
{
    if (!IsPostBack)
    {
        string[] xq_Text = { "星期日", "星期一", "星期二", "星期三", "星期四",
                             "星期五", "星期六" };
        string[] xq_Value = { "0", "1", "2", "3", "4", "5", "6" };
        for (int i = 0; i < xq_Text.Length; i++)
        {
            ListItem myListItem = new ListItem();
            myListItem.Text = xq_Text[i];
            myListItem.Value = xq_Value[i];
            //myListItem.Selected = true;
            ddl_xq.Items.Add(myListItem);
        }
        ddl_xq.SelectedIndex = ddl_xq.Items.Count - 1;
        //ddl_xq.SelectedValue = "6";
        //ddl_xq.Text = "6";
    }
}
```

(3) 编写星期下拉列表控件 ddl_xq 的 SelectedIndexChanged 事件的方法代码。

```
protected void ddl_xq_SelectedIndexChanged(object sender, EventArgs e)
{
    lbl_message.Text = "当前所选项为: " + ddl_xq.SelectedItem.Text;
    lbl_message.Text += "<br>其实际取值为: " + ddl_xq.SelectedItem.Value;
    //lbl_message.Text += "<br>其实际取值为: " + ddl_xq.SelectedValue;
    //lbl_message.Text += "<br>其实际取值为: " + ddl_xq.Text;
}
```

【说明】DropDownList 控件(下拉列表控件)与 ListBox 控件的用法类似，区别在于每次只能从下拉列表中选择一项，并将其显示在编辑框中。

3. 单选按钮控件 RadioButton

单选按钮控件即 RadioButton 控件，用于在同组选项中选择其中之一。RadioButton 控件的标记为<asp:RadioButton>，如以下示例：

`<asp:RadioButton ID="RadioButton1" runat="server" />`

RadioButton 控件的常用属性如表 3-16 所示。

表 3-16 RadioButton 控件的常用属性

属 性	说 明
Text	显示文本
GroupName	所属组名
Checked	选中状态(True/False)

RadioButton 控件的常用事件为 CheckedChanged 事件。该事件在单选按钮的选中状态被改变时触发。

【实例 3-10】设计一个性别选择页面 XbXz.aspx(如图 3-21 所示)，单击"显示"按钮时可显示所选的性别。

设计步骤：

(1) 在网站 WebSite03 中添加一个新的 ASP.NET 页面 XbXz.aspx，并添加相应的控件(如图 3-22 所示)。其中，有关控件及其主要属性设置如表 3-17 所示。

图 3-21 XbXz.aspx 页面

图 3-22 XbXz.aspx 页面的控件

表 3-17 有关控件及其主要属性设置

控 件	属 性 名	属 性 值
"男"单选按钮	ID	RadioButton_male
	GroupName	sex
	Text	男
	AutoPostBack	True
	Checked	True
"女"单选按钮	ID	RadioButton_female
	GroupName	sex
	Text	女
	AutoPostBack	True
	Checked	False
"显示"命令按钮	Text	显示
信息显示标签	ID	lbl_message

(2) 编写"显示"按钮 Button1 的 Click(单击)事件的方法代码。

```
protected void Button1_Click(object sender, EventArgs e)
{
    lbl_message.Text = "所选性别为：";
    if(RadioButton_male.Checked)
        lbl_message.Text += RadioButton_male.Text;
    if(RadioButton_female.Checked)
        lbl_message.Text += RadioButton_female.Text;
}
```

(3) 编写单选按钮 CheckedChanged 事件方法 RadioButton_CheckedChanged 的代码。

```
protected void RadioButton_CheckedChanged(object sender, EventArgs e)
{
```

```
        lbl_message.Text = "";
    }
```

(4) 分别将"男"单选按钮 RadioButton_male 与"女"单选按钮 RadioButton_female 的 CheckedChanged 事件关联至方法 RadioButton_CheckedChanged。

【说明】对于同组的 RadioButton(单选按钮)控件,应注意将其 GroupName 属性设置为同样的组名。通过 RadioButton 控件的 Checked 属性,可判断其是否被选中。为及时处理 RadioButton 控件的状态变化,可利用其 CheckedChanged 事件。

4. 单选按钮列表控件

单选按钮列表控件即 RadioButtonList 控件,用于提供一组同类的单选按钮。RadioButtonList 控件的标记为<asp:RadioButtonList>,如以下示例:

```
<asp:RadioButtonList ID="RadioButtonList1" runat="server">
</asp:RadioButtonList>
```

RadioButtonList 控件的常用集合与属性如表 3-18 所示。

表 3-18 RadioButtonList 控件的常用集合与属性

集合/属性	说 明
Items	选项的集合
RepeatColumns	选项的列数
RepeatDirection	选项的布局方向

RadioButtonList 控件的常用事件为 SelectedIndexChanged 事件。该事件当单选按钮列表中的选中项被改变时触发。

【实例 3-11】设计一个年龄选择页面 NlXz.aspx(如图 3-23 所示),单击"显示"按钮时可显示所选择的年龄段。

设计步骤:

(1) 在网站 WebSite03 中添加一个新的 ASP.NET 页面 NlXz.aspx,并添加相应的控件(如图 3-24 所示)。其中,有关控件及其主要属性设置如表 3-19 所示。

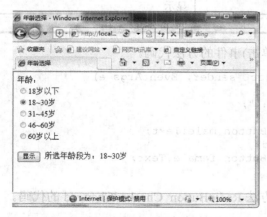

图 3-23 NlXz.aspx 页面

图 3-24 NlXz.aspx 页面的控件

表 3-19 有关控件及其主要属性设置

控 件	属性名	属 性 值
"年龄"单选按钮列表	ID	RadioButtonList_Age
	AutoPostBack	True
	Items	通过 ListItem 集合编辑器添加各个选项并设置其有关属性（如图 3-25 所示）
"显示"命令按钮	Text	显示
信息显示标签	ID	lbl_message

图 3-25 ListItem 集合编辑器

(2) 编写"年龄"单选按钮列表 RadioButtonList_Age 的 SelectedIndexChanged 事件的方法代码。

```
protected void RadioButtonList_Age_SelectedIndexChanged(object sender,
                                                         EventArgs e)
{
    lbl_message.Text = "";
}
```

(3) 编写"显示"按钮 Button1 的 Click(单击)事件的方法代码。

```
protected void Button1_Click(object sender, EventArgs e)
{
    lbl_message.Text = "所选年龄段为：";
    for (int i = 0; i < RadioButtonList_Age.Items.Count; i++)
    {
        if (RadioButtonList_Age.Items[i].Selected)
            lbl_message.Text += RadioButtonList_Age.Items[i].Text;
    }
}
```

【说明】RadioButtonList(单选按钮列表)控件与 ListBox 控件或 DropDownList 控件的用法类似。

5. 复选框控件

复选框控件即 CheckBox 控件，用于在同组选项中进行任意选择。CheckBox 控件的标记为<asp:CheckBox>，如以下示例：

```
<asp:CheckBox ID="CheckBox1" runat="server" />
```

CheckBox 控件的常用属性如表 3-20 所示。

表 3-20　CheckBox 控件的常用属性

属　　性	说　　明
Text	显示文本
Checked	选中状态(True/False)

CheckBox 控件的常用事件为 CheckedChanged 事件。该事件在复选框的选中状态被改变时触发。

【实例 3-12】设计一个运动选择页面 YdXz1.aspx(如图 3-26 所示)，单击"显示"按钮时可显示所选的运动。

设计步骤：

(1) 在网站 WebSite03 中添加一个新的 ASP.NET 页面 YdXz1.aspx，并添加相应的控件(如图 3-27 所示)。其中，有关控件及其主要属性设置如表 3-21 所示。

图 3-26　YdXz1.aspx 页面

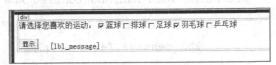

图 3-27　YdXz1.aspx 页面的控件

表 3-21　有关控件及其主要属性设置

控　　件	属 性 名	属 性 值
"篮球"复选框	ID	CheckBox1
	Text	篮球
	Checked	True
	AutoPostBack	True
"排球"复选框	ID	CheckBox2
	Text	排球
	Checked	False
	AutoPostBack	True

第 3 章 ASP.NET 服务器控件

续表

控 件	属 性 名	属 性 值
"足球"复选框	ID	CheckBox3
	Text	足球
	Checked	False
	AutoPostBack	True
"羽毛球"复选框	ID	CheckBox4
	Text	羽毛球
	Checked	True
	AutoPostBack	True
"乒乓球"复选框	ID	CheckBox5
	Text	乒乓球
	Checked	False
	AutoPostBack	True
"显示"命令按钮	Text	显示
信息显示标签	ID	lbl_message

(2) 编写"显示"按钮 Button1 的 Click(单击)事件的方法代码。

```
protected void Button1_Click(object sender, EventArgs e)
{
    lbl_message.Text = "您选择的运动为：";
    if (CheckBox1.Checked)
        lbl_message.Text += CheckBox1.Text+" ";
    if (CheckBox2.Checked)
        lbl_message.Text += CheckBox2.Text + " ";
    if (CheckBox3.Checked)
        lbl_message.Text += CheckBox3.Text + " ";
    if (CheckBox4.Checked)
        lbl_message.Text += CheckBox4.Text + " ";
    if (CheckBox5.Checked)
        lbl_message.Text += CheckBox5.Text + " ";
}
```

(3) 编写复选框 CheckedChanged 事件方法 CheckBox_CheckedChanged 的代码。

```
protected void CheckBox_CheckedChanged(object sender, EventArgs e)
{
    lbl_message.Text = "";
}
```

(4) 分别将各复选框的 CheckedChanged 事件关联至方法 RadioButton_CheckedChanged。

【说明】CheckBox(复选框)控件并无 GroupName 属性，但其基本用法与 RadioButton 控件类似。

6. 复选框列表控件

复选框列表控件即 CheckBoxList 控件，用于提供一组同类的复选框。CheckBoxList 控件的标记为<asp:CheckBoxList>，如以下示例：

```
<asp:CheckBoxList ID="CheckBoxList1" runat="server">
</asp:CheckBoxList>
```

CheckBoxList 控件的常用集合与属性如表 3-22 所示。

表 3-22 CheckBoxList 控件的常用集合与属性

集合/属性	说　　明
Items	选项的集合
RepeatColumns	选项的列数
RepeatDirection	选项的布局方向

CheckBoxList 控件的常用事件为 SelectedIndexChanged 事件。该事件当复选框列表中的选中项被改变时触发。

【实例 3-13】设计一个运动选择页面 YdXz2.aspx(如图 3-28 所示)，单击"显示"按钮时可显示所选的运动。

设计步骤：

(1) 在网站 WebSite03 中添加一个新的 ASP.NET 页面 YdXz2.aspx，并添加相应的控件(如图 3-29 所示)。其中，有关控件及其主要属性设置如表 3-23 所示。

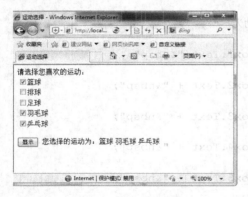

图 3-28 YdXz2.aspx 页面

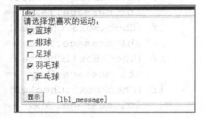

图 3-29 YdXz2.aspx 页面的控件

表 3-23 有关控件及其主要属性设置

控件	属性名	属性值
"运动"复选框列表	ID	CheckBoxList_Sport
	AutoPostBack	True
	Items	通过 ListItem 集合编辑器添加各个选项并设置其有关属性(如图 3-30 所示)
"显示"命令按钮	Text	显示
信息显示标签	ID	lbl_message

第 3 章 ASP.NET 服务器控件

图 3-30 ListItem 集合编辑器

(2) 编写"运动"复选框列表 CheckBoxList_Sport 的 SelectedIndexChanged 事件的方法代码。

```
protected void CheckBoxList_Sport_SelectedIndexChanged(object sender,
EventArgs e)
{
    lbl_message.Text = "";
}
```

(3) 编写"显示"按钮 Button1 的 Click(单击)事件的方法代码。

```
protected void Button1_Click(object sender, EventArgs e)
{
    lbl_message.Text = "您选择的运动为：";
    for (int i = 0; i < CheckBoxList_Sport.Items.Count; i++)
    {
        if (CheckBoxList_Sport.Items[i].Selected)
            lbl_message.Text += CheckBoxList_Sport.Items[i].Text + " ";
    }
}
```

【说明】CheckBoxList(复选框列表)控件与 ListBox 控件、DropDownList 控件或 RadioButtonList 控件的用法类似。

3.2.5 图形类控件

在 ASP.NET 中，图形类控件主要有两种，即图像(Image)控件与图像地图(ImageMap)控件。

1. 图像控件

图像控件即 Image 控件，用于在页面上显示图像。Image 控件的标记为<asp:Image>，如以下示例：

```
<asp:Image ID="Image1" runat="server" />
```

Image 控件的常用属性如表 3-24 所示。

表 3-24 Image 控件的常用属性

属 性	说 明
ImageUrl	要显示图像的 URL
AlternateText	指定图像不可用时所显示的文本信息
ImageAlign	图像相对于页面上其他元素的对齐方式

【实例 3-14】设计一个图像选择页面 TxXz.aspx(如图 3-31 所示)，在"请选择"下拉列表中单击某个选项时可显示相应的图像。

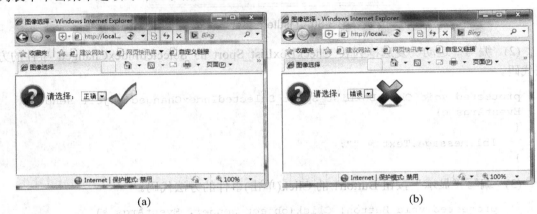

图 3-31 TxXz.aspx 页面

设计步骤：

(1) 将所需要的图像文件 question.png、right.jpg、wrong.jpg 置于网站 WebSite03 的子文件夹 images 中。

(2) 在网站 WebSite03 中添加一个新的 ASP.NET 页面 TxXz.aspx，并添加相应的控件(如图 3-32 所示)。其中，有关控件及其主要属性设置如表 3-25 所示。

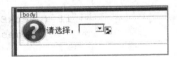

图 3-32 TxXz.aspx 页面的控件

表 3-25 有关控件及其主要属性设置

控 件	属 性 名	属 性 值
"选择"下拉列表控件	ID	DropDownList1
	AutoPostBack	True
	Items	通过 ListItem 集合编辑器添加各个选项并设置其有关属性(如图 3-33 所示)
图像控件 1	ID	Image1
	ImageUrl	./images/question.png
图像控件 2	ID	Image2
	AlternateText	图像

第 3 章 ASP.NET 服务器控件

图 3-33 ListItem 集合编辑器

(3) 编写"选择"下拉列表控件 DropDownList1 的 SelectedIndexChanged 事件的方法代码。

```
protected void DropDownList1_SelectedIndexChanged(object sender,
EventArgs e)
{
    if (DropDownList1.SelectedIndex == 1)
        Image2.ImageUrl = "~/images/right.jpg";
    else if (DropDownList1.SelectedIndex == 2)
        Image2.ImageUrl = "~/images/wrong.jpg";
    else
        Image2.ImageUrl = "";
}
```

【说明】在本实例中,通过在代码中设置 Image(图像)控件的 ImageUrl 属性来实现图像的动态显示。

2. 图像地图控件

图像地图控件即 ImageMap 控件,允许在图片中定义一些热点(HotSpot)区域。当用户单击这些热点区域时,将会引发超链接或者触发单击事件。因此,使用 ImageMap 控件,可轻松实现对图片特定区域的交互。例如,以图片形式展示网站地图、流程图等。

ImageMap 控件的标记为<asp:ImageMap>,如以下示例:

```
<asp:ImageMap ID="ImageMap1" runat="server">
</asp:ImageMap>
```

ImageMap 控件的常用属性与集合如表 3-26 所示。

表 3-26 ImageMap 控件的常用属性与集合

属性/集合	说 明
HotSpotMode	单击热点区域后的默认行为方式
ImageUrl	要显示图像的 URL
HotSpots	热点区域集合

ImageMap 控件的常用事件为 Click 事件,该事件在单击 ImageMap 控件时触发。

ASP.NET 应用开发实例教程

【实例 3-15】设计一个图片区域页面 TpQy.aspx(如图 3-34 所示)，在图像中单击某个区域时可显示相应的信息。

设计步骤：

(1) 将所需要的图像文件 Circle.jpg 置于网站 WebSite03 的子文件夹 images 中。

(2) 在网站 WebSite03 中添加一个新的 ASP.NET 页面 TpQy.aspx，并添加相应的控件(如图 3-35 所示)。其中，有关控件及其主要属性设置如表 3-27 所示。

图 3-34 TpQy.aspx 页面

图 3-35 TpQy.aspx 页面的控件

表 3-27 有关控件及其主要属性设置

控件	属性名	属性值
Label 控件	ID	Label1
	Text	请单击图片中的位置...
ImageMap 控件	ID	ImageMap1
	ImageUrl	~/images/Circle.jpg
	HotSpotMode	PostBack
	Height	200px
	Width	200px
	HotSpots	通过 HotSpot 集合编辑器添加 4 个矩形的热点区域并设置其有关属性(如图 3-36 所示)。其中，左上、右上、左下、右下区域的 PostBackValue 属性分别为 NW、NE、SW、SE

图 3-36 HotSpot 集合编辑器

· 78 ·

(3) 编写 ImageMap 控件 ImageMap1 的 Click 事件的方法代码。

```
protected void ImageMap1_Click(object sender, ImageMapEventArgs e)
{
    string region = "";
    switch (e.PostBackValue)
    {
        case "NW":
            region = "西北";
            break;
        case "NE":
            region = "东北";
            break;
        case "SE":
            region = "东南";
            break;
        case "SW":
            region = "西南";
            break;
    }
    Label1.Text = "您现在所指的方向是:" + region + "方向";
}
```

【说明】ImageMap 控件允许在图片中定义一些热点(HotSpot)区域，包括矩形区域、圆形区域或不规则多边形区域。在本实例中，所定义的区域为矩形区域。

3.2.6 链接类控件

在 ASP.NET 中，链接类控件主要有两种，即超链接(HyperLink)控件与链接按钮(LinkButton)控件。

1. 超链接控件

超链接控件即 HyperLink 控件，用于实现超级链接，在功能上与 HTML 的超链接标记 <a href="">相似。与大多数 Web 服务器控件不同，HyperLink 控件只能实现导航功能。因此，当用户单击 HyperLink 控件时，并不会在服务器代码中引发事件。

HyperLink 控件的标记为<asp:HyperLink>，如以下示例：

<asp:HyperLink ID="HyperLink1" runat="server">HyperLink</asp:HyperLink>

HyperLink 控件的常用属性如表 3-28 所示。

表 3-28 HyperLink 控件的常用属性

属 性	说 明
Text	文本标题
NavigateUrl	要链接到的 URL
Target	显示链接页面的目标窗口或框架
ImageUrl	要显示图像的 URL

2. 链接按钮控件

链接按钮控件即 LinkButton 控件，在功能上与 Button 控件相似，但在呈现样式上与 HyperLink 相似。

【实例 3-16】设计一个首页链接页面 SyLj.aspx(如图 3-37 所示)，单击各个链接时可打开央视网的主页。

设计步骤：

在网站WebSite03中添加一个新的ASP.NET页面SyLj.aspx，并添加相应的控件(如图3-38所示)。其中，有关控件及其主要属性设置如表3-29所示。

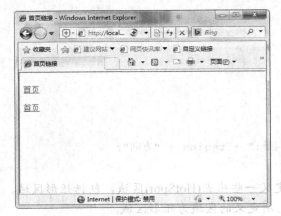

图 3-37 SyLj.aspx 页面

图 3-38 SyLj.aspx 页面的控件

表 3-29 有关控件及其主要属性设置

控 件	属 性 名	属 性 值
HyperLink(超链接)控件	ID	HyperLink1
	Text	首页
	NavigateUrl	http://www.cctv.com/
	Target	_blank
LinkButton(链接按钮)控件	ID	LinkButton1
	Text	首页
	PostBackUrl	http://www.cctv.com/

【说明】在本实例中，分别用 HyperLink 控件与 LinkButton 控件创建了两个具有相同功能与表现形式的超级链接。

3.2.7 日历控件

日历控件即 Calendar 控件，可用于显示日历或从中选定日期。通过日历控件选定日期，可确保日期的正确性。

Calendar 控件的标记为<asp:Calendar>，如以下示例：

第 3 章 ASP.NET 服务器控件

```
<asp:Calendar ID="Calendar1" runat="server"></asp:Calendar>
```

Calendar 控件的常用属性如表 3-30 所示。

表 3-30 Calendar 控件的常用属性

属　　性	说　　明
Visible	是否可见。其值设置为 True(默认值)时可见，为 False 时不可见
VisibleDate	要显示的月份的日期
SelectedDate	当前选定的日期

Calendar 控件的常用事件为 SelectionChanged 事件。该事件当用户在日历中更改日期的选择时触发。

【实例 3-17】设计一个日期选定页面 RqXd.aspx(如图 3-39 所示)。

图 3-39 RqXd.aspx 页面

设计步骤：

(1) 在网站 WebSite03 中添加一个新的 ASP.NET 页面 RqXd.aspx，并添加相应的控件，包括"年"下拉列表控件 DropDownList_Year、"月"下拉列表控件 DropDownList_Month、结果显示标签控件 Label_Result 与日历控件 Calendar1(如图 3-40 所示)。

(2) 编写页面 Load 事件的方法代码。

图 3-40 RqXd.aspx 页面的控件

```
protected void Page_Load(object sender, EventArgs e)
{
    Calendar1.Visible = false;
    DropDownList_Year.AutoPostBack = true;
    DropDownList_Month.AutoPostBack = true;
    if (!IsPostBack)
    {
        DropDownList_Year.Items.Add("-未定-");
        DropDownList_Month.Items.Add("-未定-");
        for (int y = 2000; y <= 2018; y++)          //填充年下拉列表框
        {
            DropDownList_Year.Items.Add(y.ToString());
```

```
            for (int m = 1; m <= 12; m++)              //填充月下拉列表框
            {
                DropDownList_Month.Items.Add(m.ToString());
            }
        }
    }
```

(3) 编写日历控件 Calendar1 的 SelectionChanged 事件的方法代码。

```
protected void Calendar1_SelectionChanged(object sender, EventArgs e)
{
    Label_Result.Text = "所选日期为:" +
                        Calendar1.SelectedDate.ToShortDateString();
    Calendar1.Visible = false;
}
```

(4) 编写"年"下拉列表控件与"月"下拉列表控件的 SelectedIndexChanged 事件的共用方法 DropDownList_SelectedIndexChanged 代码。

```
protected void DropDownList_SelectedIndexChanged(object sender, EventArgs e)
{
    Label_Result.Text = "";
    string y = DropDownList_Year.SelectedValue;
    string m = DropDownList_Month.SelectedValue;
    if (y != "-未定-" && m != "-未定-")
    {
        Calendar1.Visible = true;
        Calendar1.VisibleDate = Convert.ToDateTime(y + "-" + m + "-" + "1");
    }
}
```

(5) 将"年"下拉列表控件与"月"下拉列表控件的 SelectedIndexChanged 事件关联至方法 DropDownList_SelectedIndexChanged。

【说明】在本实例中，选定年份与月份后，即可显示相应的日历。在日历中选定某个日期后，即可获取所选定的日期，并将日历隐藏掉。

3.2.8 文件上传控件

文件上传控件即 FileUpload 控件，用于将指定文件从本地计算机上传到 Web 服务器中。从外观上看，FileUpload 控件由一个文本框与一个"浏览"按钮组成。用户可直接在文本框中输入文件名(包括文件的存放路径)，也可单击"浏览"按钮并在随之打开的对话框中选择希望上传的文件。

FileUpload 控件的标记为<asp:FileUpload>，如以下示例：

```
<asp:FileUpload ID="FileUpload1" runat="server" />
```

FileUpload 控件的常用属性如表 3-31 所示。

表 3-31 FileUpload 控件的常用属性

属 性	说 明
FileContent	上传文件的流对象。该属性为只读属性，Stream 型
FileName	上传文件的文件名(不包含路径信息)。该属性为只读属性，string 型
HasFile	是否有文件要上传。该属性为只读属性，bool 型。其值为 True 时表示有文件要上传，为 False 时则表示没有文件要上传
PostedFile	上传文件的 HttpPostedFile 对象。该属性为只读属性，HttpPostedFile 型

FileUpload 控件的常用方法为 SaveAs()方法。该方法用于将上传的文件保存到 Web 服务器的磁盘中。

通过 FileUpload 控件的 PostedFile 属性，可获取一个表示上传文件的 HttpPostedFile 对象。HttpPostedFile 对象的常用属性如表 3-32 所示。

表 3-32 HttpPostedFile 对象的常用属性

属 性	说 明
ContentLength	上传文件的大小(以字节为单位)。该属性为只读属性，int 型
ContentType	上传文件的 MIME 类型。该属性为只读属性，string 型
FileName	上传文件在客户端的文件名(包含路径信息)。该属性为只读属性，string 型
InputStream	上传文件的流对象。该属性为只读属性，Stream 型

HttpPostedFile 对象的常用方法亦为 SaveAs()方法。该方法同样用于将上传的文件保存到 Web 服务器的磁盘中。

对于文件的上传来说，文件上传后的保存位置是较为灵活的，既可以是 Web 服务器的某个目录，也可以是当前站点的某个子目录。在大多数情况下，将上传的文件保存至当前站点的某个子目录中是较为妥当的。

若要将上传的文件保存到 Web 服务器的某个目录中(在此假定为 C:\upload)，则使用 FileUpload 控件的典型代码如下：

```
string s=FileUpload1.PostedFile.FileName;
string filename=s.Substring(s.LastIndexOf("\\")+1);
FileUpload1.PostedFile.SaveAs("C:\\upload\\" + FileUpload1.FileName);
```

若要将上传的文件保存到当前站点的某个子目录中(在此假定为 upload)，则使用 FileUpload 控件的典型代码如下：

```
FileUpload1.SaveAs(Server.MapPath("upload") + "\\" +
FileUpload1.FileName);
```

如前所述，通过 FileUpload 控件的 FileName 属性，可直接获取所上传文件的不带路径的文件名。此外，通过以下典型代码也可达到同样的目的。

```
string path=FileUpload1.PostedFile.FileName;
string filename=path.Substring(path.LastIndexOf("\\")+1);
```

ASP.NET 应用开发实例教程

【实例 3-18】设计一个图片上传页面 TpSc.aspx(如图 3-41 所示)，可显示成功上传的图片及其大小信息。

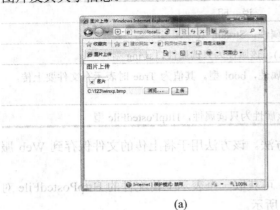
(a)

(b)

图 3-41　TpSc.aspx 页面

设计步骤：

(1) 在网站 WebSite03 中添加一个新的 ASP.NET 页面 TpSc.aspx，并添加相应的控件(如图 3-42 所示)。其中，有关控件及其主要属性设置如表 3-33 所示。

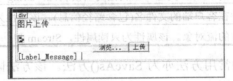

图 3-42　TpSc.aspx 页面的控件

表 3-33　有关控件及其主要属性设置

控件	属性名	属性值
Image 控件	ID	Image1
	AlternateText	图片
FileUpload 控件	ID	FileUpload1
Button 控件	ID	Button1
	Text	上传
Label 控件	ID	Label_Message

(2) 编写"上传"按钮 Click(单击)事件的方法代码。

```
protected void Button1_Click(object sender, EventArgs e)
{
    if (!FileUpload1.HasFile)
    {
        Image1.ImageUrl = "";
        Label_Message.Text = "请选择图片文件或输入图片文件的路径及名称！";
    }
```

```csharp
        else
        {
            string FileType = FileUpload1.PostedFile.ContentType;  //文件类型
            if (FileType != "image/bmp" && FileType != "image/gif" &&
                FileType != "image/pjpeg")
            {
                Image1.ImageUrl = "";
                Label_Message.Text = "图片类型不符！只能上传bmp、jpg或gif类型的
                                      图片文件！";
            }
            else
            {
                string FilePath = Server.MapPath("images/" +
                            FileUpload1.FileName);  //保存文件的路径及名称
                if (File.Exists(FilePath))
                {
                    Image1.ImageUrl = "";
                    Label_Message.Text = "已存在同名的图片文件！";
                    Label_Message.Text = Label_Message.Text + "<br>图片文件
                                          名：" + FileUpload1.FileName;
                }
                else
                {
                    try
                    {
                        FileUpload1.SaveAs(FilePath);  //保存文件
                        Image1.ImageUrl = "images/" + FileUpload1.FileName;
                        Label_Message.Text = "图片文件上传成功！";
                        Label_Message.Text = Label_Message.Text + "<br>图片文
                                              件大小：" + FileUpload1.PostedFile.
                                              ContentLength + "字节";
                    }
                    catch (Exception ex)
                    {
                        Image1.ImageUrl = "";
                        Label_Message.Text = "图片文件上传失败！";
                        Label_Message.Text = Label_Message.Text + "<br>上传失
                                              败原因：" + ex.Message;
                    }
                }
            }
        }
    }
```

【说明】在本实例中，为确保文件上传的成功实现，对可能出现的各种情况进行了相应的判断。其中，上传文件的类型是通过其 MIME 类型来判断的。通常情况下，文件的类型也可通过其扩展名来判断。

3.2.9 表格控件

表格控件即 Table 控件，主要用于生成相应的表格。借助于 Table 控件，用户可通过

程序代码方便地控制表格的行列数以及表格中要显示的内容。

Table 控件的标记为<asp:Table>，如以下示例：

`<asp:Table ID="Table1" runat="server"></asp:Table>`

Table 控件的常用属性与集合如表 3-34 所示。

表 3-34　Table 控件的常用属性与集合

属性/集合	说　　明
Width	宽度
Height	高度
Caption	标题
BackImageUrl	背景图像(URL)
BackColor	背景颜色
BorderStyle	边框样式
BorderColor	边框颜色
BorderWidth	边框宽度
CellPadding	单元格中的边距
CellSpacing	单元格间的距离
GridLines	单元格之间的网格线
Rows	表格行的集合

对于 Table 控件的使用来说，有两个颇为关键的子对象，即 TableRow 与 TableCell。前者用于创建和设置表格中的行，后者用于创建和设置表格中的列。通常，可通过 TableCell 对象的 Text 属性从单元格读取数据，或向其中写入数据。

【实例 3-19】设计一个表格生成页面 BgSc.aspx(如图 3-43 所示)，可根据指定的行数与列数动态生成相应的表格。

设计步骤：

(1) 在网站 WebSite03 中添加一个新的 ASP.NET 页面 BgSc.aspx，并添加相应的控件，包括"行数"文本框控件 TextBox_row、"列数"文本框控件 TextBox_col、"生成表格"按钮控件 Button1、Table(表格)控件 Table1 与 Label(标签)控件 Label_Message(如图 3-44 所示)。

图 3-43　BgSc.aspx 页面　　　　　　　　图 3-44　BgSc.aspx 页面的控件

(2) 编写"生成表格"按钮 Click(单击)事件的方法代码。

```
protected void Button1_Click(object sender, EventArgs e)
{
    Label_Message.Text = "";
    if (TextBox_row.Text == "" || TextBox_col.Text == "")
    {
        Label_Message.Text = "请输入表格的行数与列数！";
        return;
    }
    Table1.Caption = "表格";
    Table1.GridLines = GridLines.Both;
    int Rows = int.Parse(TextBox_row.Text);
    int Cols = int.Parse(TextBox_col.Text);
    TableRow MyRow;
    TableCell MyCell;
    for (int i = 0; i < Rows; i++)
    {
        MyRow = new TableRow();
        for (int j = 0; j < Cols; j++)
        {
            MyCell = new TableCell();
            MyCell.Text = "<" + i.ToString() + "," + j.ToString() + ">";
            MyRow.Cells.Add(MyCell);//添加单元格(列)
        }
        Table1.Rows.Add(MyRow);    //添加行
    }
    MyRow = new TableRow();
    MyCell = new TableCell();
    MyCell.ColumnSpan = Cols;
    MyCell.HorizontalAlign = HorizontalAlign.Center;
    HyperLink MyHyperLink = new HyperLink();
    MyHyperLink.Text = "央视网";
    MyHyperLink.NavigateUrl = "http://www.cctv.com/";
    MyHyperLink.Target = "_blank";
    MyCell.Controls.Add(MyHyperLink);
    MyRow.Cells.Add(MyCell);
    Table1.Rows.Add(MyRow);
}
```

【说明】在本实例中，先根据指定的行数与列数生成相应的表格，并在单元格中填入其行号与列号(从 0 开始)。然后再添加一个合并了单元格的新行，并在其中填入"央视网"超级连接。

3.2.10 容器控件

容器控件是指可以在其中放置控件的控件。ASP.NET 所提供的容器控件主要有两种，即 PlaceHolder 控件与 Panel 控件。这两种控件均可在 Web 页面上定义一个区域，以便在程序运行期间能向其中动态地添加有关控件，或对其中的有关控件进行相应的操作。显然，这对于动态网页的布局设计是极为有利的。

PlaceHolder 控件的标记为<asp:PlaceHolder>，如以下示例：

```
<asp:PlaceHolder ID="PlaceHolder1" runat="server"></asp:PlaceHolder>
```

Panel 控件的标记为<asp:Panel>，如以下示例：

```
<asp:Panel ID="Panel1" runat="server"></asp:Panel>
```

在容器控件中所包含的控件通常称之为子控件。对于 PlaceHolder 控件与 Panel 控件来说，其 Controls 集合即为所含子控件的集合。通过调用 Controls 集合的有关方法，即可实现子控件的各种操作。例如，子控件的添加、删除与清空可通过调用 Controls 集合的 Add()、Remove()与 Clear()方法来实现。

必要时，可通过设置 PlaceHolder 控件与 Panel 控件的 Visible 属性来控制其中有关控件的显示或隐藏。当 Visible 属性值为 True(默认值)时，控件是可见的；反之，当 Visible 属性值为 False 时，控件是不可见的。

【实例 3-20】设计一个控件添加页面 KjTj.aspx(如图 3-45 所示)，可动态添加标签控件或图像控件以显示相应的文本或图片。

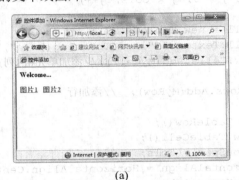

(a)

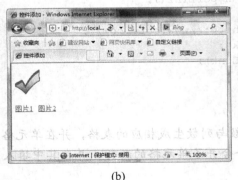

(b)

(c)

图 3-45　KjTj.aspx 页面

设计步骤：

(1) 在网站 WebSite03 中添加一个新的 ASP.NET 页面 KjTj.aspx，并添加相应的控件，包括 PlaceHolder 控件 PlaceHolder1 与"图片 1""图片 2"链接按钮(LinkButton)控件 LinkButton1、LinkButton2(如图 3-46 所示)。

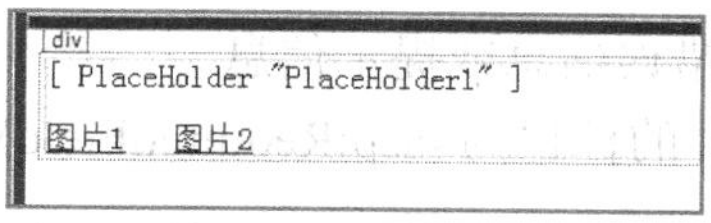

图 3-46 KjTj.aspx 页面的控件

(2) 编写页面 Load 事件的方法代码。

```
protected void Page_Load(object sender, EventArgs e)
{
    Label myLabel = new Label();
    myLabel.Text = "<b>Welcome...<b>";
    PlaceHolder1.Controls.Add(myLabel);   //添加 Label 控件
}
```

(3) 编写"图片 1"链接按钮 Click(单击)事件的方法代码。

```
protected void LinkButton1_Click(object sender, EventArgs e)
{
    PlaceHolder1.Controls.Clear();   //清除控件
    Image myImage = new Image();
    myImage.ImageUrl = "./images/right.jpg";
    PlaceHolder1.Controls.Add(myImage);   //添加 Image 控件
}
```

(4) 编写"图片 2"链接按钮 Click(单击)事件的方法代码。

```
protected void LinkButton2_Click(object sender, EventArgs e)
{
    PlaceHolder1.Controls.Clear();   //清除控件
    Image myImage = new Image();
    myImage.ImageUrl = "./images/wrong.jpg";
    PlaceHolder1.Controls.Add(myImage);   //添加 Image 控件
}
```

【说明】在本实例中，先在 PlaceHolder 控件中添加一个 Label 控件以显示欢迎信息"Welcome..."，然后再根据需要将 PlaceHolder 控件中的子控件替换为 Image 控件以显示相应的图片。

3.3 验 证 控 件

为对用户输入信息的有效性进行相应的验证，ASP.NET 提供了专门的服务器端验证控件。在此，仅简要介绍各验证控件的基本用法。

3.3.1 RequireFieldValidator 控件

RequiredFieldValidator 控件为非空验证控件，常用于对必填字段的文本框进行非空验证。在页面的表单中，若某个文本框在提交时不能为空(即必须输入内容)，则可使用 RequiredFieldValidator 控件对其进行验证。这样，在提交表单时，若该控件所验证的文本框的值为空,则会显示相应的错误信息或提示信息。

RequiredFieldValidator 控件的标记为<asp:RequiredFieldValidator>,如以下示例:

```
<asp:RequiredFieldValidator ID="RequiredFieldValidator1" runat="server" ErrorMessage="*"></asp:RequiredFieldValidator>
```

RequiredFieldValidator 控件的常用属性如表 3-35 所示。

表 3-35　RequiredFieldValidator 控件的常用属性

属　性	说　明
ControlToValidate	要进行验证的控件的 ID
ErrorMessage	当验证为不合法时要显示的错误信息
SetFocusOnError	当验证为不合法时是否将焦点设置在所验证的控件上
Text	当验证为不合法时要显示的提示信息

3.3.2　RangeValidator 控件

RangeValidator 控件为范围验证控件,常用于检验用户的输入是否在指定范围内。对于 RangeValidator 控件,可设置其上限与下限属性以及指定控件要验证的值的数据类型。若用户的输入无法转换为指定的数据类型(如无法转换为日期等),则验证将失败。不过,若用户并无输入,则可成功通过范围验证。在这种情况下,为强制用户必须输入有关的值,可配合使用 RequiredFieldValidator 控件。

RangeValidator 控件的标记为<asp:RangeValidator>,如以下示例:

```
<asp:RangeValidator ID="RangeValidator1" runat="server" ErrorMessage="*"></asp:RangeValidator>
```

RangeValidator 控件的常用属性如表 3-36 所示。

表 3-36　RangeValidator 控件的常用属性

属　性	说　明
ControlToValidate	要进行验证的控件的 ID
MaximumValue	验证范围的最大值
MinimumValue	验证范围的最小值
Type	要验证的值的数据类型
ErrorMessage	当验证为不合法时要显示的错误信息
SetFocusOnError	当验证为不合法时是否将焦点设置在所验证的控件上
Text	当验证为不合法时要显示的提示信息

3.3.3　CompareValidator 控件

CompareValidator 控件为比较验证控件,用于将输入控件的值与常数值或其他输入控件的值进行比较,以确定这两个值是否与指定的关系相符。

CompareValidator 控件的标记为<asp:CompareValidator>，如以下示例：

```
<asp:CompareValidator ID="CompareValidator1" runat="server"
ErrorMessage="*"></asp:CompareValidator>
```

CompareValidator 控件的常用属性如表 3-37 所示。

表 3-37　CompareValidator 控件的常用属性

属　　性	说　　明
ControlToValidate	要进行验证的控件的 ID
ControlToCompare	用于进行比较的控件的 ID
ValueToCompare	用于进行比较的值
Operator	比较使用的操作符
Type	比较使用的数据类型
ErrorMessage	当验证为不合法时要显示的错误信息
SetFocusOnError	当验证为不合法时是否将焦点设置在所验证的控件上
Text	当验证为不合法时要显示的提示信息

3.3.4　RegularExpressionValidator 控件

RegularExpressionValidator 控件为正则表达式验证控件，用于根据正则表达式来验证用户的输入是否符合指定的格式。

RegularExpressionValidator 控件的标记为<asp:RegularExpressionValidator>，如以下示例：

```
<asp:RegularExpressionValidator ID="RegularExpressionValidator1"
runat="server"
ErrorMessage="*"></asp:RegularExpressionValidator>
```

RegularExpressionValidator 控件的常用属性如表 3-38 所示。

表 3-38　RegularExpressionValidator 控件的常用属性

属　　性	说　　明
ControlToValidate	要进行验证的控件的 ID
ValidationExpression	验证所使用的正则表达式
ErrorMessage	当验证为不合法时要显示的错误信息
SetFocusOnError	当验证为不合法时是否将焦点设置在所验证的控件上
Text	当验证为不合法时要显示的提示信息

3.3.5　CustomValidator 控件

CustomValidator 控件为用户自定义验证控件，用于根据自行编写的逻辑来验证用户的输入是否符合指定的要求。

CustomValidator 控件的标记为<asp:CustomValidator>，如以下示例：

```
<asp:CustomValidator ID="CustomValidator1" runat="server"
ErrorMessage="*"></asp:CustomValidator>
```

CustomValidator 控件的常用属性如表 3-39 所示。

表 3-39 CustomValidator 控件的常用属性

属性	说明
ControlToValidate	要进行验证的控件的 ID
EnableClientScript	是否执行客户端验证脚本，其值为 True(默认值)时可以执行，为 False 时则禁止执行
ClientValidationFunction	用于实现验证逻辑的客户端验证函数
ErrorMessage	当验证为不合法时要显示的错误信息
SetFocusOnError	当验证为不合法时是否将焦点设置在所验证的控件上
Text	当验证为不合法时要显示的提示信息

  CustomValidator 控件的常用事件为 ServerValidate 事件。该事件在提交包含有 CustomValidator 控件的页面时触发，在其所对应的方法(即事件处理程序)中，可通过作为参数的 ServerValidateEventArgs 对象的 Value 属性获取所验证控件的值。若能通过验证，则只需将 ServerValidateEventArgs 对象的 IsValid 属性设置为 true 即可；反之，若未能通过验证，则应将 ServerValidateEventArgs 对象的 IsValid 属性设置为 false。

  对于 CustomValidator 控件来说，利用其 ServerValidate 事件即可在服务器端执行相应的验证逻辑。当然，必要时也可利用 CustomValidator 控件在客户端执行相应的验证脚本。为此，可在 ASP.NET 页面中使用 JavaScript 定义好相应的验证函数，然后将 CustomValidator 控件的 ClientValidationFunction 属性设置为验证函数的名称，并确保 EnableClientScript 属性值为 True 即可。

3.3.6 ValidationSummary 控件

  ValidationSummary 控件为验证汇总控件(或验证摘要控件)，用于集中显示当前页面中所有验证控件所产生的验证错误信息。该控件所能显示的错误信息是由各个验证控件的 ErrorMessage 属性指定的。

ValidationSummary 控件的标记为<asp:ValidationSummary>，如以下示例：

```
<asp:ValidationSummary ID="ValidationSummary1" runat="server" />
```

ValidationSummary 控件的常用属性如表 3-40 所示。

表 3-40 ValidationSummary 控件的常用属性

属性	说明
HeaderText	错误信息的标题
ShowSummary	是否显示错误汇总信息，其值为 True(默认值)时显示，为 False 时则不显示

续表

属 性	说 明
ShowMessageBox	是否显示消息框(内含错误汇总信息),其值为 True 时显示,为 False(默认值)时则不显示
DisplayMode	错误信息的显示方式,其值为 List、BulletList(默认值)或 SingleParagraph,分别表示列表、项目列表或单个段落

【实例 3-21】设计一个输入验证页面 SrYz1.aspx(如图 3-47 所示),单击"确定"按钮后可对用户所输入的注册信息进行相应的验证,包括必须输入各项内容,且年龄应在 1~150 之间、确认密码与密码必须相同、电子邮箱必须具有正确的格式。

(a)　　　　　　　　　　(b)　　　　　　　　　　(c)

图 3-47　SrYz1.aspx 页面

设计步骤:

(1) 在网站 WebSite03 中添加一个新的 ASP.NET 页面 SrYz1.aspx。

(2) 在页面中添加一个 HTML 表格,并在其中添加相应的控件(如图 3-48 所示)。各有关控件及其主要属性的设置如表 3-41 所示。

图 3-48　SrYz1.aspx 页面的控件

表 3-41　有关控件及其主要属性设置

控 件	属 性 名	属 性 值
TextBox 控件	ID	tb_username
RequiredFieldValidator 控件	ID	RequiredFieldValidator1
	ControlToValidate	tb_username
	Text	*
	ErrorMessage	*用户名不能为空!
	SetFocusOnError	True
TextBox 控件	ID	tb_age

续表

控 件	属 性 名	属 性 值
RequiredFieldValidator 控件	ID	RequiredFieldValidator2
	ControlToValidate	tb_age
	Text	*
	ErrorMessage	*年龄不能为空！
	SetFocusOnError	True
RangeValidator 控件	ID	RangeValidator1
	ControlToValidate	tb_age
	Text	*
	ErrorMessage	*年龄应在 1~150 之间！
	SetFocusOnError	True
	Type	Integer
	MinimumValue	1
	MaximumValue	150
TextBox 控件	ID	tb_password
RequiredFieldValidator 控件	ID	RequiredFieldValidator3
	ControlToValidate	tb_password
	Text	*
	ErrorMessage	*密码不能为空！
	SetFocusOnError	True
TextBox 控件	ID	tb_repassword
RequiredFieldValidator 控件	ID	RequiredFieldValidator4
	ControlToValidate	tb_repassword
	Text	*
	ErrorMessage	*确认密码不能为空！
	SetFocusOnError	True
CompareValidator 控件	ID	CompareValidator1
	ControlToValidate	tb_repassword
	ControlToCompare	tb_password
	Text	*
	ErrorMessage	*确认密码与密码必须相同！
	SetFocusOnError	True
TextBox 控件	ID	tb_email
RequiredFieldValidator 控件	ID	RequiredFieldValidator5
	ControlToValidate	tb_email
	Text	*
	ErrorMessage	*电子邮箱不能为空！
	SetFocusOnError	True

续表

控　件	属　性　名	属　性　值
RegularExpressionValidator 控件	ID	RegularExpressionValidator1
	ControlToValidate	tb_email
	Text	*
	ErrorMessage	*电子邮箱格式不正确！
	SetFocusOnError	True
	ValidationExpression	\w+([-+.']\w+)*@\w+([-.]\w+)*\.\w+([-.]\w+)*
ValidationSummary 控件	ID	ValidationSummary1
	HeaderText	注意：
	DisplayMode	List
	ShowSummary	True
Button 控件	ID	Button1
	Text	确定

【说明】在本实例中，综合应用了非空、范围、比较与正则表达式等多种验证控件对用户的有关输入进行较为全面的验证，并利用验证汇总控件集中显示有关的错误信息。

【实例 3-22】设计一个输入验证页面 SrYz2.aspx(如图 3-49 所示)，单击"确定"按钮后可对用户所输入的注册信息进行相应的验证，包括必须输入用户名与密码，且密码的长度不能小于 6 位。

(a)

(b)

(c)

图 3-49　SrYz2.aspx 页面

设计步骤：

(1) 在网站 WebSite03 中添加一个新的 ASP.NET 页面 SrYz2.aspx。

(2) 在页面中添加一个 HTML 表格，并在其中添加相应的控件(如图 3-50 所示)。各有关控件及其主要属性的设置如表 3-42 所示。

图 3-50 SrYz2.aspx 页面的控件

表 3-42 有关控件及其主要属性设置

控 件	属 性 名	属 性 值
TextBox 控件	ID	tb_username
RequiredFieldValidator 控件	ID	RequiredFieldValidator1
	ControlToValidate	tb_username
	Text	*
	ErrorMessage	*用户名不能为空！
	SetFocusOnError	True
TextBox 控件	ID	tb_password
RequiredFieldValidator 控件	ID	RequiredFieldValidator2
	ControlToValidate	tb_password
	Text	*
	ErrorMessage	*密码不能为空！
	SetFocusOnError	True
CustomValidator 控件	ID	CustomValidator1
	ControlToValidate	tb_password
	Text	*
	ErrorMessage	*密码长度最小为 6 位！
	SetFocusOnError	True
	EnableClientScript	False
ValidationSummary 控件	ID	ValidationSummary1
	HeaderText	注意：
	DisplayMode	List
	ShowSummary	True
Button 控件	ID	Button1
	Text	确定

(3) 编写 CustomValidator 控件 CustomValidator1 的 ServerValidate 事件的方法代码。

```
protected void CustomValidator1_ServerValidate(object source,
                                    ServerValidateEventArgs args)
{
   if (args.Value.Length < 6)
      args.IsValid = false;
   else
      args.IsValid = true;
}
```

【说明】在本实例中，利用 CustomValidator 控件的 ServerValidate 事件在服务器端执行相应的验证逻辑。若要通过在客户端执行验证脚本来实现同样的功能，则应进行以下几项修改。

(1) 将 CustomValidator 控件的 ServerValidate 事件的方法代码注释掉。
(2) 在页面中编写一个 JavaScript 验证函数 CheckPwd()，具体代码如下。

```
<script language="javascript" type="text/javascript">
function CheckPwd(source,args)
{
  if(args.Value.length < 6)
  {
    args.IsValid=false;
  }
  else
  {
    args.IsValid =true;
  }
}
</script>
```

(3) 将 CustomValidator 控件的 ClientValidationFunction 与 EnableClientScript 属性分别设置为 CheckPwd 与 True。

3.4 用户控件

与 ASP.NET 内置的服务器控件不同，用户控件是由用户根据需要自行创建的控件。通过创建用户控件，可将现有的有关控件组合在一起而成为一个功能更加丰富的设计单元，或实现已有控件所没有的某些功能。

从使用方面来看，用户控件与 ASP.NET 内置的服务器控件是一致的，均可根据需要添加到有关的 ASP.NET 页面或其他用户控件中。由此可见，用户控件其实就是用户根据设计需要所定义的可重用的组件，也是提高系统开发效率的一种颇为有效的手段。

3.4.1 用户控件的创建

用户控件的创建较为较单，其设计技术与 ASP.NET 页面的设计技术完全相同。因此在用户控件上可以使用各种 HTML 服务器控件与 Web 服务器控件。

当然，用户控件与 ASP.NET 页面的区别也是较为明显的。归纳起来，二者的区别主要有以下几点：

(1) 用户控件文件的扩展名为".ascx"，而 ASP.NET 页面的扩展名为".aspx"。这样，可确保用户控件不能作为一个独立的 ASP.NET 页面来使用，而必须作为一个控件添加到 ASP.NET 页面中。

(2) 在用户控件中没有@Page 指令，而是包含@Control 指令。该指令用于对用户控件的配置或有关属性进行定义。

(3) 在用户控件中不能包含有<html>、<body>与<from>元素。这些元素应出现在宿主页(即用户控件所在的 ASP.NET 页面)中。

下面，通过实例对用户控件的创建方法进行简要说明。

【实例 3-23】在网站 WebSite03 中创建一个用户控件 MyHeader.ascx。该用户控件用于实现有关页面的"头部"(如图 3-51 所示)，主要包括 1 个用于显示标题的标签控件与 5 个用于提供超级链接的链接按钮控件。

我的地盘
首页　基本情况　主讲课程　科研成果　特长爱好

图 3-51　用户控件 MyHeader.ascx 的实际效果

设计步骤：

(1) 在网站 WebSite03 中添加一个用户控件 MyHeader.ascx。

① 在"解决方案资源管理器"子窗口中，右击网站项目，并在其快捷菜单中选择"添加新项"菜单项，打开"添加新项"对话框(如图 3-52 所示)。

图 3-52　"添加新项"对话框

② 在左侧的"模板"列表框中选中"已安装的模板"下的 Visual C#(相当于将开发语言选定为 Visual C#)，并在中部的列表框中选中"Web 用户控件"。

③ 在"名称"文本框中输入用户控件的文件名 MyHeader.ascx。

④ 单击"添加"按钮。

(2) 在用户控件中添加一个两行一列的 HTML 表格，其宽度为 800px，第一行的单元格为左对齐，第二行的单元格亦为左对齐，且背景颜色为#CCFF66。

(3) 在表格中添加 1 个标签控件与 5 个链接按钮控件(如图 3-53 所示)。各有关控件及其主要属性的设置如表 3-43 所示。

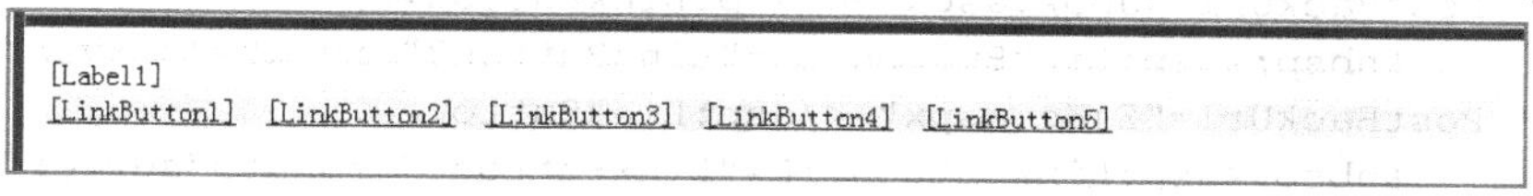

图 3-53　MyHeader.ascx 用户控件中的控件

表 3-43　有关控件及其主要属性设置

控件	属性名	属性值
Label 控件	ID	Label1
	Text	我的地盘
	Font-Size	26
	Font-Names	黑体
LinkButton 控件	ID	LinkButton1
	Text	首页
	PostBackUrl	Index.aspx
LinkButton 控件	ID	LinkButton2
	Text	基本情况
	PostBackUrl	JbQk.aspx
LinkButton 控件	ID	LinkButton3
	Text	主讲课程
	PostBackUrl	ZjKc.aspx
LinkButton 控件	ID	LinkButton4
	Text	科研成果
	PostBackUrl	KyCg.aspx
LinkButton 控件	ID	LinkButton5
	Text	特长爱好
	PostBackUrl	TcAh.aspx

至此，用户控件 MyHeader.ascx 设计完毕。其具体代码如下：

```
<%@ Control Language="C#" AutoEventWireup="true"
CodeFile="MyHeader.ascx.cs" Inherits="MyHeader" %>
<table width="800px">
   <tr>
      <td align="left">
         <asp:Label ID="Label1" runat="server" Text="我的地盘" Font-Size="26" Font-Names="黑体"></asp:Label></td>
   </tr>
```

```
    <tr>
        <td align="left" bgcolor="#CCFF66">
            <asp:LinkButton ID="LinkButton1" runat="server" Text="首页" PostBackUrl="Index.aspx"></asp:LinkButton>
             <asp:LinkButton ID="LinkButton2" runat="server" Text="基本情况" PostBackUrl="JbQk.aspx"></asp:LinkButton>
             <asp:LinkButton ID="LinkButton3" runat="server" Text="主讲课程" PostBackUrl="ZjKc.aspx"></asp:LinkButton>
             <asp:LinkButton ID="LinkButton4" runat="server" Text="科研成果" PostBackUrl="KyCg.aspx"></asp:LinkButton>
             <asp:LinkButton ID="LinkButton5" runat="server" Text="特长爱好" PostBackUrl="TcAh.aspx"></asp:LinkButton></td>
    </tr>
</table>
```

【说明】在本实例中，并没有在用户控件 MyHeader.ascx 的程序代码文件 MyHeader.ascx.cs 中编写任何代码。实际上，在用户控件的程序代码文件中是可以根据需要编写相应的用于实现有关功能的代码的。

3.4.2 用户控件的添加

在 ASP.NET 页面(或用户控件)中添加用户控件的方法是较为灵活的，既可在设计视图中直接添加，也可在程序运行时动态添加。

1. 在设计视图中添加用户控件

为将用户控件添加到 ASP.NET 页面(或用户控件)中，只需在 VS 中直接将其拖放到设计视图中的适当位置即可。在此过程中，VS 会自动在 ASP.NET 页面(或用户控件)中添加相应的@Registe 指令与用户控件标记。其中，@Registe 指令用于注册用户控件，并为其指定标记名称与前缀。

【实例 3-24】设计一个 ASP.NET 页面 YhKj1.aspx(如图 3-54 所示)。该页面的"头部"是通过直接添加用户控件 MyHeader.ascx 实现的。

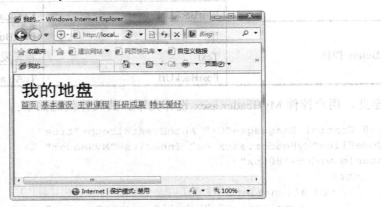

图 3-54　YhKj1.aspx 页面

设计步骤:
(1) 在网站 WebSite03 中添加一个新的 ASP.NET 页面 YhKj1.aspx。
(2) 在页面中添加一个三行一列的 HTML 表格,其宽度为 800px,框线宽度为 0。
(3) 将用户控件 MyHeader.ascx 从"解决方案资源管理器"子窗口中直接拖放到页面设计视图中表格的第一行的单元格中。在此过程中,VS 会自动在页面中添加以下两行代码:

```
<%@ Register src="MyHeader.ascx" tagname="MyHeader" tagprefix="uc1" %>
<uc1:MyHeader ID="MyHeader1" runat="server" />
```

其中,前者为@Registe 指令,后者则为相应的用户控件标记。

2. 在程序运行时动态添加用户控件

除了在设计时直接添加以外,用户控件还可以在程序运行时通过代码动态地添加。显然,这种做法更具灵活性,可根据需要添加各种不同的用户控件,或通过循环添加若干个相同的用户控件。

【实例 3-25】设计一个 ASP.NET 页面 YhKj2.aspx(如图 3-55 所示)。该页面的"头部"是通过动态添加用户控件 MyHeader.ascx 实现的。

图 3-55　YhKj2.aspx 页面

设计步骤:
(1) 在网站 WebSite03 中添加一个新的 ASP.NET 页面 YhKj2.aspx。
(2) 在页面中添加一个三行一列的 HTML 表格,其宽度为 800px,框线宽度为 0。
(3) 在表格的第一行的单元格中添加一个 PlaceHolder 控件,其 ID 为 PlaceHolder1。
(4) 编写页面 Load 事件的方法代码。

```
protected void Page_Load(object sender, EventArgs e)
{
    Control myHeader = LoadControl("MyHeader.ascx");
    PlaceHolder1.Controls.Add(myHeader);
}
```

【说明】在本实例中,通过为 PlaceHolder 容器控件动态添加控件的方式实现了用户控件在 ASP.NET 页面中的动态添加。

3.4.3 构成控件的属性访问

在用户控件中所包含的控件通常称之为构成控件(意为"构成用户控件的控件")。在用户控件内部,是可以直接访问其构成控件的有关属性的。但在用户控件外部,则只能直接访问用户控件自身的有关属性,而不允许直接访问其构成控件的有关属性。

为实现对构成控件的有关属性的访问,可为用户控件创建相应的公共属性,并通过其 Get 访问器与 Set 访问器实现对相应构成控件属性的获取与设置。在用户控件中创建公共属性的典型代码如下:

```
public DataType PropertyName
{
    get
    {
        return Control.Property;
    }
    set
    {
        Control.Property = value;
    }
}
```

其中,PropertyName 表示属性名,DataType 为其数据类型,Control.Property 则为相应的构成控件的 ID 与属性名。

【实例 3-26】为用户控件 MyHeader.ascx 创建一个公共属性 TitleText,该属性用于访问标题标签控件的 Text 属性。然后再设计一个 ASP.NET 页面 YhKj3.aspx(如图 3-56 所示),其"头部"是通过直接添加用户控件 MyHeader.ascx 实现的,并在运行时动态地将标题文本"我的地盘"修改为"我的空间"。

图 3-56 YhKj3.aspx 页面

设计步骤:

(1) 在用户控件 MyHeader.ascx 的程序代码文件 MyHeader.ascx.cs 中创建公共属性 TitleText。其具体代码如下:

```
public string TitleText
{
    get
    {
        return Label1.Text;
    }
    set
    {
        Label1.Text = value;
    }
}
```

(2) 在网站 WebSite03 中添加一个新的 ASP.NET 页面 YhKj3.aspx。该页面的设计与 YhKj1.aspx 完全相同。

(3) 编写页面 Load 事件的方法代码。

```
protected void Page_Load(object sender, EventArgs e)
{
    MyHeader1.TitleText = "我的空间";
}
```

【说明】在本实例中，利用页面的 Load 事件，在页面加载时设置用户控件的公共属性 TitleText，从而将用户控件中标题标签控件的 Text 属性修改为"我的空间"。

本 章 小 结

本章简要地介绍了 ASP.NET 服务器控件的概况，并通过具体实例讲解了各类 ASP.NET 标准控件的主要用法、各种 ASP.NET 验证控件的基本用法以及 ASP.NET 用户控件的创建与使用方法。通过本章的学习，应熟知常用 ASP.NET 服务器控件的有关用法，并能在各种 Web 应用的开发中灵活地加以运用，以顺利实现系统的有关功能。

思 考 题

1. ASP.NET 的服务器控件可分为哪两大类型？
2. Web 服务器控件可分为哪些类别？
3. 文本框控件的常用属性与事件有哪些？
4. 按钮类控件有哪些？各有何常用属性与事件？
5. 选择类控件有哪些？各有何常用集合/属性与事件？
6. 图形类控件有哪些？各有何常用属性/集合与事件？
7. 链接类控件有哪些？各有何常用属性与事件？
8. 日历控件有何作用？其常用属性与事件有哪些？
9. 文件上传控件有何作用？其常用属性与方法有哪些？
10. 表格控件有何作用？其常用属性/集合有哪些？
11. 容器控件有哪些？其常用集合是什么？
12. 服务器端验证控件有哪些？各有何常用属性？
13. 用户控件与 ASP.NET 页面(或 Web 窗体)主要有哪些区别？
14. 如何在 ASP.NET 页面中添加用户控件？
15. 如何访问用户控件中构成控件的有关属性？

第 4 章

ASP.NET 内置对象

ASP.NET 内置对象无需创建即可直接使用，并具有极为强大且灵活的功能，是 ASP.NET 应用程序开发中必不可少的利器。

本章要点：内置对象简介；Page 对象；Response 对象；Request 对象；Application 对象；Session 对象；Server 对象。

学习目标：了解 ASP.NET 内置对象的概况；掌握 Page 对象常用属性、方法与事件的基本用法；掌握 Response 对象与 Request 对象常用属性、集合与方法的基本用法；掌握 Application 对象与 Session 对象常用集合、属性、方法与事件的基本用法；掌握 Server 对象常用属性与方法的基本用法。

4.1 内置对象简介

为提高 Web 应用程序的开发效率，ASP.NET 提供了一些内置对象，包括 Page(页面)对象、Response(响应)对象、Request(请求)对象、Application(应用)对象、Session(会话)对象与 Server(服务器)对象等。每个对象都提供了一些属性、集合、方法或事件，可在 ASP.NET 页面的设计或编程中灵活地加以应用。

内置对象无需创建即可直接使用，因此极大地方便了应用程序的设计。另外，由于 ASP.NET 的内置对象为用户提供了强大且灵活的请求、响应、会话等处理能力，并实现了 Web 应用所需要的许多基础功能，因此在 ASP.NET 应用程序的开发中，其使用是极其频繁的。

4.2 Page 对象

Page 对象为页面对象，表示当前的 ASP.NET 页面(或 Web 窗体)。Page 对象由 System.Web.UI 命名空间中的 Page 类实现。

4.2.1 Page 对象的常用属性

Page 对象的常用属性如表 4-1 所示。

表 4-1 Page 对象的常用属性

属 性	说 明
IsPostBack	是否回发(逻辑型)。其值为 True 时表示页面是为响应客户端回发而加载的，为 False 时表示页面是首次加载的
IsValid	是否有效(逻辑型)。其值为 True 时表示页面已通过验证(有效)，为 False 时表示页面未通过验证(无效)

4.2.2 Page 对象的常用方法

Page 对象的常用方法如表 4-2 所示。

表 4-2 Page 对象的常用方法

方法	说明
DataBind	将数据源绑定到有关的服务器控件
FindControl	根据 ID(标识符)查找服务器控件
Validate	让页面中所包含的验证控件实施相应的验证

4.2.3 Page 对象的常用事件

Page 对象的常用事件如表 4-3 所示。

表 4-3 Page 对象的常用事件

事件	说明
Init	初始化事件，在页面初始化时触发
Load	加载事件，在页面加载时触发
Unload	卸载事件，在页面卸载时触发

Page 对象的 Init 事件与 Load 事件都发生在页面加载的过程中。不过，在 Page 对象的生命周期中，Init 事件只有在页面初始化时被触发一次，而 Load 事件在首次加载时及此后的每次回发过程中都会被触发。

4.2.4 Page 对象的应用实例

【实例 4-1】Page 对象应用实例：页面控件的"初始化"。

设计步骤：

(1) 创建一个 ASP.NET 网站 WebSite04。

(2) 在网站 WebSite04 中添加一个新的 ASP.NET 页面 PageInitExample.aspx，并添加相应的控件，包括两个列表框(ListBox)控件 ListBox1、ListBox2 与一个 OK 按钮(Button)控件 Button1(如图 4-1 所示)。

图 4-1 页面设计

(3) 编写页面 Load 事件的方法代码。

```
protected void Page_Load(object sender, EventArgs e)
{
    if (!IsPostBack)
    {
        for (int i = 1; i <= 3; i++)
        {
            ListBox1.Items.Add(i.ToString());
        }
    }
}
```

(4) 编写页面 Init 事件的方法代码。

```
protected void Page_Init(object sender, EventArgs e)
{
    for (int i = 1; i <= 3; i++)
    {
        ListBox2.Items.Add(i.ToString());
    }
}
```

运行结果如图 4-2 所示。

【说明】

(1) 本实例分别利用 Page 对象的 Init 事件与 Load 事件对页面中的控件进行"初始化"。

(2) Page 对象的 IsPostBack 属性(逻辑型)用于判断页面是否是因响应回发而再次加载。若其值为 True，则表示页面是因响应回发而再次加载；若其值为 False，则表示页面是首次加载。在本实例的 Load 事件方法中，若注释掉 if 语句而只保留 for 语句，则每次单击 OK 按钮时都会在第一个列表框中增加 3 个选项，而第二个列表框中的选项则保持不变。由此可见，Page 对象的 Init 事件与 Load 事件是有明显区别的。

图 4-2 运行结果

4.3 Response 对象

Response 对象为响应对象，其主要功能是向浏览器输出信息。Response 对象由 System.Web 命名空间中的 HttpResponse 类实现。

4.3.1 Response 对象的常用属性

Response 对象的常用属性如表 4-4 所示。

表 4-4 Response 对象的常用属性

属 性	说 明
Expires	缓存中页面的过期时间(分钟数)
IsClientConnected	客户端是否仍然与服务器保持连接。其值为 True 时表示保持连接，为 False 时则表示已无连接
BufferOutput	是否使用缓冲区。其值为 True(默认值)时使用，为 False 时则禁用
ContentType	输出内容的 MIME 类型，如 image/gif (GIF 文件)、image/bmp(BMP 文件)、image/jpeg (JPG 文件)、application/x-zip-compressed (zip 文件)、application/msword(Word 文件)、text/html(HTML 文件)、text/plain(文本文件)
Charset	输出流的 HTTP 字符集
SuppressConten	是否阻止将 HTTP 内容发送到客户端浏览器。其值为 True 时阻止内容发送，为 False 时则允许内容发送

4.3.2　Response 对象的常用集合

Response 对象的常用集合为 Cookies 集合，主要用于在客户端设置 Cookie。

所谓 Cookie，其实就是服务器端保存到客户端的一些信息文本。利用 Response 对象的 Cookies 集合，可将 Cookie 写到客户端，以保存相应的值。对于 Cookie 来说，通常应为其设置相应的有效期，否则就是临时会话 Cookie，在关闭浏览器后会马上失效。

创建 Cookie 的基本方法为：

```
Response.Cookies["CookieName"].属性名=属性值;
```

其中，CookieName 为 Cookie 的名称，其值通过 Value 属性设置，而有效期则通过 Expires 属性设置。例如：

```
Response.Cookies["username"].Value = "admin";
Response.Cookies["username"].Expires = DateTime.Now.AddYears(1);
```

在此，创建了一个名称为 username 的 Cookie，其值为 admin，有效期为 1 年。

4.3.3　Response 对象的常用方法

Response 对象的常用方法如表 4-5 所示。

表 4-5　Response 对象的常用方法

方　　法	说　　明
Write	向客户端输出数据
End	终止输出
Redirect	跳转到另一个 URL 地址
Clear	清除缓冲区的所有信息
Flush	将缓冲区的信息输出
WriteFile	向浏览器输出文本文件的内容

4.3.4　Response 对象的应用实例

【实例 4-2】Response 对象应用实例：输出信息。

设计步骤：

(1) 在网站 WebSite04 中添加一个新的 ASP.NET 页面 ResponseWriteExample.aspx。
(2) 编写页面 Load 事件的方法代码。

```
protected void Page_Load(object sender, EventArgs e)
    Response.Write("Welcome...<br><b>欢迎光临...</b><br>");
    Response.Write(DateTime.Now.ToString());
    Response.Write("<br>");
    //Response.End();
```

```
        Response.Write("<a
href='javascript:window.opener=null;window.close();'>[关闭窗口]</a>");
    }
```

运行结果如图 4-3 所示。

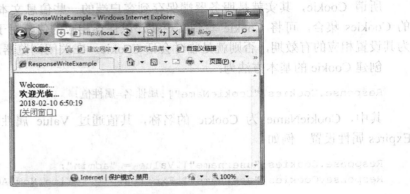

图 4-3 运行结果

【说明】

(1) Response 对象的 Write 方法可向浏览器输出各种信息，包括普通文本、HTML 代码、JavaScript 脚本等。例如：

```
Response.Write("<script
language=javascript>alert('Hello,World!')</script>");
```

执行该语句时，将显示如图 4-4 所示的对话框。

(2) 必要时，可调用 Response 对象的 End 方法以终止输出。在本实例的 Load 事件方法中，若取消对 "Response.End();" 语句的注释，则运行结果如图 4-5 所示。

图 4-4 对话框　　　　　　　　　　图 4-5 运行结果

【实例 4-3】Response 对象应用实例：缓冲区控制。

设计步骤：

(1) 在网站 WebSite04 中添加一个新的 ASP.NET 页面 ResponseBufferOutputExample.aspx。

(2) 编写页面 Load 事件的方法代码。

```
    protected void Page_Load(object sender, EventArgs e)
    {
```

```
    //Response.BufferOutput = false;
    Response.Write("清除缓冲区之前的数据" + "<Br>");
    Response.Clear();
    Response.Write("清除缓冲区之后的数据" + "<Br>");
}
```

运行结果如图 4-6 所示。

图 4-6　运行结果

【说明】默认情况下，ASP.NET 是启用页面输出的缓冲区的。在本实例中，由于调用 Response 对象的 Clear()方法消除了缓冲区中的内容(在此为"清除缓冲区之前的数据")，因此最终输出的信息为"清除缓冲区之后的数据"。若取消对"Response.BufferOutput = false;"语句的注释，则所有输出会因缓冲区被禁用而直接呈现，"Response.Clear();"语句相当于无效，最终的运行结果如图 4-7 所示(输出的信息包括"清除缓冲区之前的数据")。

图 4-7　运行结果

【实例 4-4】Response 对象应用实例：输出文本文件的内容。
设计步骤：
(1) 在网站 WebSite04 中添加一个新的 ASP.NET 页面 ResponseWriteFileExample.aspx。
(2) 编写页面 Load 事件的方法代码。

```
protected void Page_Load(object sender, EventArgs e)
{
    string FN;
    FN = Request.PhysicalApplicationPath + "cctv.txt";
```

```
        Response.Charset = "GB2312";
        Response.WriteFile(FN);
}
```

(3) 在网站 WebSite04 中添加一个文本文件 cctv.txt，其内容如下：

央视网
http://www.cctv.com

运行结果如图 4-8 所示。

图 4-8 运行结果

【说明】在本实例中，Request.PhysicalApplicationPath 返回应用程序根目录(即站点根目录)的物理路径。

【实例 4-5】Response 对象应用实例：友情链接。设计一个友情链接页面 ResponseRedirectExample.aspx(如图 4-9 所示)，单击下拉列表框中的某个选项时即可打开相应网站的主页。

设计步骤：

(1) 在网站 WebSite04 中添加一个新的 ASP.NET 页面 ResponseRedirectExample.aspx，并添加相应的控件(如图 4-10 所示)。各有关控件及其主要属性设置如表 4-6 所示。

图 4-9 友情链接

图 4-10 页面设计

表 4-6 有关控件及其主要属性设置

控 件	属 性 名	属 性 值
Label 控件	ID	Label1
	Text	友情链接：

续表

控 件	属 性 名	属 性 值
DropDownList 控件	ID	DropDownList1
	AutoPostBack	True
	Items	通过 ListItem 集合编辑器添加各个选项并设置其有关属性(如图 4-11 所示)。其中,"---请选择---"选项的 Text、Value 属性均为"---请选择---"

图 4-11 ListItem 集合编辑器

(2) 编写友情链接下拉列表控件 DropDownList1 的 SelectedIndexChanged 事件的方法代码。

```
protected void DropDownList1_SelectedIndexChanged(object sender, EventArgs e)
{
    if (DropDownList1.SelectedValue != "---请选择---")
    {
        Response.Redirect(DropDownList1.SelectedValue);
    }
}
```

【说明】在 ASP.NET 中,页面的自动跳转可通过调用 Response 对象的 Redirect()方法来实现。

【实例 4-6】Response 对象应用实例:创建 Cookie。

设计步骤:

(1) 在网站 WebSite04 中添加一个新的 ASP.NET 页面 ResponseCookiesExample.aspx。
(2) 编写页面 Load 事件的方法代码。

```
protected void Page_Load(object sender, EventArgs e)
{
    Response.Cookies["username"].Value = "admin";
    Response.Cookies["password"].Value = "12345";
    Response.Cookies["username"].Expires = DateTime.Now.AddYears(1);
    Response.Cookies["password"].Expires = DateTime.Now.AddYears(1);
    Response.Write("OK!");
}
```

运行结果如图 4-12 所示。

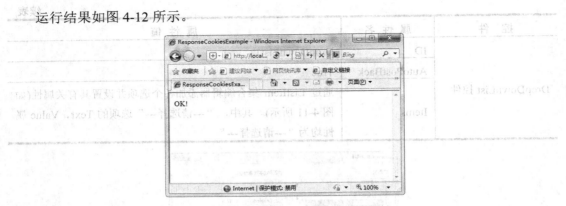

图 4-12 运行结果

【说明】在本实例中，共创建了两个 Cookie，其名称分别为 username 与 password，值分别为 admin 与 12345，有效期则均为 1 年。

【提示】在 ASP.NET 中，Cookie 的创建也可采用"先创建 Cookie 对象，然后再将其添加到 Cookies 集合中"的方式，如以下示例：

```
HttpCookie MyCookie = new HttpCookie("VisitTime ");
DateTime now = DateTime.Now;
MyCookie.Value = now.ToString();
MyCookie.Expires = now.AddHours(12);
Response.Cookies.Add(MyCookie);
```

在此，创建了一个名称为 VisitTime 的 Cookie，其值为当前系统时间，有效期为 12 小时。

4.4 Request 对象

Request 对象为请求对象，其主要功能是从客户端获取数据。Request 对象由 System.Web 命名空间中的 HttpRequest 类实现。

4.4.1 Request 对象的常用属性

Request 对象的常用属性如表 4-7 所示。

表 4-7 Request 对象的常用属性

属 性	说 明
Url	当前请求的 URL
HttpMethod	客户端所使用的 HTTP 数据传输方法(通常为 get 或 post)
ApplicationPath	应用程序根目录的虚拟路径
Path	当前请求的虚拟路径
FilePath	当前请求的虚拟路径

续表

属 性	说 明
PhysicalApplicationPath	应用程序根目录的物理路径
PhysicalPath	当前请求的物理路径
UserHostAddress	客户端的 IP 地址
UserHostName	客户端的主机名
Browser	客户端所使用的浏览器

【实例 4-7】Request 对象应用实例：获取请求信息。

设计步骤：

(1) 在网站 WebSite04 中添加一个新的 ASP.NET 页面 RequestPropertyExample.aspx。
(2) 编写页面 Load 事件的方法代码。

```
protected void Page_Load(object sender, EventArgs e)
{
    Response.Write(Request.Url + "<br><br>");
    Response.Write(Request.ApplicationPath+"<br>");
    Response.Write(Request.Path + "<br>");
    Response.Write(Request.FilePath + "<br>");
    Response.Write(Request.PhysicalApplicationPath + "<br>");
    Response.Write(Request.PhysicalPath + "<br><br>");
    Response.Write(Request.UserHostAddress + "<br>");
    Response.Write(Request.UserHostName + "<br><br>");
    Response.Write("平台:" + Request.Browser.Platform + "<br>");
    Response.Write("类型:" + Request.Browser.Type + "<br>");
    Response.Write("版本:" + Request.Browser.Version + "<br>");
}
```

运行结果如图 4-13 所示。

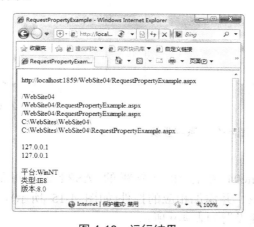

图 4-13 运行结果

【说明】在本实例中，利用 Request 对象的有关属性获取相应的请求信息。

4.4.2 Request 对象的常用集合

Request 对象的常用集合如表 4-8 所示。

表 4-8 Request 对象的常用集合

集合	说明
Form	用于获取以 Post 方式提交的表单数据
QueryString	用于获取以 Get 方式提交的表单数据或通过 URL 传递的数据
ServerVariables	用于获取服务器端环境变量的信息
Cookies	用于从客户端读取 Cookie

1. Form 集合

通过 Form 集合可获取以 Post 方式提交的表单数据,其基本格式为:

`Request.Form["name"]`

其中,name 为表单中有关控件的名称(或 ID)。

【实例 4-8】Request 对象应用实例:系统登录。设计一个系统登录页面 RequestFormExample.aspx(如图 4-14 所示),单击"确定"按钮后,可在其处理页面 RequestFormExample0.aspx 中显示所输入的用户名与密码。

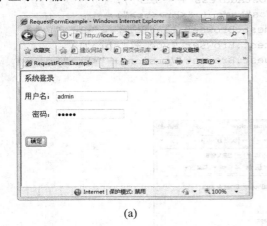
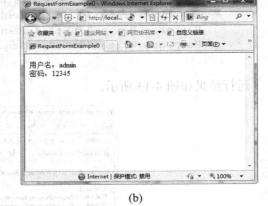

(a)   (b)

图 4-14 系统登录

设计步骤:

(1) 在网站 WebSite04 中添加一个新的 ASP.NET 页面 RequestFormExample.aspx,并添加相应的控件(如图 4-15 所示)。各有关控件及其主要属性设置如表 4-9 所示。

(2) 在网站 WebSite04 中添加一个新的 ASP.NET 页面 RequestFormExample0.aspx,并编写其 Load 事件的方法代码。

图 4-15 页面设计

```
protected void Page_Load(object sender, EventArgs e)
{
    Response.Write("用户名: " + Request.Form["username"] + "<br>");
    Response.Write("密码: " + Request.Form["password"] + "<br>");
}
```

表 4-9 有关控件及其主要属性设置

控 件	属 性 名	属 性 值
TextBox 控件	ID	username
TextBox 控件	ID	password
	TextMode	Password
Button	ID	Button1
	Text	确定
	PostBackUrl	RequestFormExample0.aspx

【说明】在 ASP.NET 中，表单提交的默认方式为 Post，在其处理页面中可利用 Request 对象的 Form 集合来获取所提交的有关数据。

2. QueryString 集合

通过 QueryString 集合可获取以 Get 方式提交的表单数据，其基本格式为：

`Request.QueryString["name"]`

其中，name 为表单中有关控件的名称(或 ID)。

其实，以 Get 方式提交的表单数据是以查询字符串的形式附加在表单处理页面 URL 的后面的。因此，使用 QueryString 集合也可获取通过 URL 传递过来的数据。

通过 URL 向指定页面传递数据的基本格式为：

`URL?paramname1=paramvalue1&paramname2=paramvalue2&…`

其中，?后面的内容即为查询字符串，所包含的每项数据均为"参数名=参数值"的形式，并以&作为分隔符。

相应地，在目标页面中通过 QueryString 集合获取查询字符串中有关数据的基本格式为：

`Request.QueryString["paramname"]`

其中，paramname 为相应参数的名称。

【实例 4-9】Request 对象应用实例：系统登录(如图 4-16 所示)。设计一个以 Get 方式提交表单的系统登录页面 RequestQueryStringExample.aspx，单击"确定"按钮后可在其处理页面 RequestQueryStringExample 0.aspx 中显示所输入的用户名与密码。

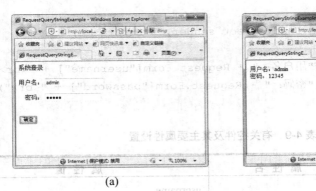

(a)   (b)

图 4-16   系统登录

设计步骤：

(1) 在网站 WebSite04 中添加一个新的 ASP.NET 页面 RequestQueryString-Example.aspx，并添加相应的控件(如图 4-17 所示)。各有关控件及其主要属性设置如表 4-10 所示。

图 4-17   页面设计

表 4-10   有关控件及其主要属性设置

控 件	属 性 名	属 性 值
TextBox 控件	ID	username
TextBox 控件	ID	password
	TextMode	Password
Button 控件	ID	Button1
	Text	确定
	PostBackUrl	RequestQueryStringExample0.aspx

(2) 在页面 RequestQueryStringExample.aspx 的<form>标记中添加取值为 Get 的 method 属性。

```
<form id="form1" runat="server" method="get">
```

(3) 在网站 WebSite04 中添加一个新的 ASP.NET 页面 RequestQueryString Example0.aspx，并编写其 Load 事件的方法代码。

```
protected void Page_Load(object sender, EventArgs e)
{
    Response.Write("用户名：" + Request.QueryString["username"] + "<br>");
    Response.Write("密码：" + Request.QueryString["password"] + "<br>");
}
```

【说明】在 ASP.NET 中，若表单的提交方式为 Get，则在其处理页面中应利用 Request 对象的 QueryString 集合来获取所提交的有关数据。

【实例 4-10】Request 对象应用实例：参数传递（如图 4-18 所示）。设计一个通过链接传递参数的页面 RequestQueryStringUrlExample.aspx，单击其中的链接后可在目标页面 RequestQueryStringUrlExample0.aspx 中显示所传递的数据。

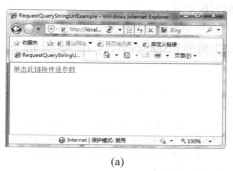
(a)

(b)

图 4-18 参数传递

设计步骤：

(1) 在网站 WebSite04 中添加一个新的 ASP.NET 页面 RequestQueryStringUrlExample.aspx，并在其中添加 1 个 HyperLink 控件 HyperLink1（如图 4-19 所示），其 Text 属性设置为"单击此链接传递参数"，NavigateUrl 属性设置为 RequestQueryStringUrlExample0.aspx?username=admin&password=12345。

图 4-19 页面设计

(2) 在网站 WebSite04 中添加一个新的 ASP.NET 页面 RequestQueryStringUrlExample0.aspx，并编写其 Load 事件的方法代码。

```
protected void Page_Load(object sender, EventArgs e)
{
    Response.Write("用户名: " + Request.QueryString["username"] + "<br>");
    Response.Write("密码: " + Request.QueryString["password"] + "<br>");
}
```

【说明】必要时，可将有关参数附在 URL 之后传递给相应的目标页面。

3. ServerVariables 集合

通过 ServerVariables 集合可获取服务器端环境变量信息，其基本格式为：

`Request.ServerVariables ["varname"]`

其中，varname 为环境变量的名称。常用的环境变量如表 4-11 所示。

表 4-11 常用的环境变量

环境变量	说明
LOCAL_ADDR	服务器的 IP 地址
SERVER_NAME	服务器的主机名

续表

环境变量	说 明
REMOTE_ADDR	客户端的 IP 地址
REMOTE_HOST	客户端的主机名
SCRIPT_NAME	当前文件的虚拟路径

【实例 4-11】Request 对象应用实例：访问环境变量。

设计步骤：

(1) 在网站 WebSite04 中添加一个新的 ASP.NET 页面 RequestServerVariablesExample.aspx。
(2) 编写页面 Load 事件的方法代码。

```
protected void Page_Load(object sender, EventArgs e)
{
    Response.Write("服务器的 IP 地址：" + Request.ServerVariables
                   ["LOCAL_ADDR"] + "<br>");
    Response.Write("服务器的主机名：" + Request.ServerVariables
                   ["SERVER_NAME"] + "<br>");
    Response.Write("客户端的 IP 地址：" + Request.ServerVariables
                   ["REMOTE_ADDR"] + "<br>");
    Response.Write("客户端的主机名：" + Request.ServerVariables
                   ["REMOTE_HOST"] + "<br>");
    Response.Write("当前页面的虚拟路径：" + Request.ServerVariables
                   ["SCRIPT_NAME"] + "<br>");
}
```

运行结果如图 4-20 所示。

图 4-20　运行结果

【说明】在本实例中，利用 Request 对象的 ServerVariables 集合实现对服务器端有关环境变量的访问，并获取其中的信息。

4. Cookies 集合

通过 Cookies 集合可从客户端读取 Cookie 的值，其基本格式为：

`Request.Cookies["CookieName"].Value`

其中，CookieName 为 Cookie 的名称。

在 ASP.NET 中，综合利用 Response 对象与 Request 对象的 Cookies 集合，即可通过 Cookie 在客户端保存用户的有关信息，并供有关页面在需要时从中读取。

【实例 4-12】Request 对象应用实例：访问 Cookies。

设计步骤：

(1) 在网站 WebSite04 中添加一个新的 ASP.NET 页面 RequestCookiesExample.aspx，并在其中添加 1 个 Button 控件 Button 1（如图 4-21 所示），其 Text 属性设置为 OK，PostBackUrl 属性设置为 "RequestCookiesExample0.aspx"。

图 4-21 页面设计

(2) 编写页面 RequestCookiesExample.aspx 的 Load 事件的方法代码。

```
protected void Page_Load(object sender, EventArgs e)
{
    Response.Cookies["username"].Value = "admin";
    Response.Cookies["password"].Value = "12345";
    Response.Cookies["username"].Expires = DateTime.Now.AddYears(1);
    Response.Cookies["password"].Expires = DateTime.Now.AddYears(1);
    Response.Write("用户名:" + Request.Cookies["username"].Value + "<br>");
    Response.Write("密码:" + Request.Cookies["password"].Value + "<br>");
}
```

(3) 在网站 WebSite04 中添加一个新的 ASP.NET 页面 RequestCookiesExample0.aspx，并编写其 Load 事件的方法代码。

```
protected void Page_Load(object sender, EventArgs e)
{
    Response.Write("用户名:" + Request.Cookies["username"].Value + "<br>");
    Response.Write("密码:" + Request.Cookies["password"].Value + "<br>");
}
```

运行结果如图 4-22 所示。首先打开 RequestCookiesExample.aspx 页面，单击 OK 按钮后即可打开 RequestCookiesExample0.aspx 页面。

(a)　　　　　　　　　　　　　　(b)

图 4-22 运行结果

【说明】利用 Response 对象的 Cookies 集合，可创建 Cookie，也就是将 Cookie 写到客户端。反之，利用 Request 对象的 Cookies 集合，可读取 Cookie，也就是从客户端读出 Cookie。因此，借助于 Cookie，可在客户端保存相应的信息，并供有关页面在需要时读取。必要时，也可利用 Cookie 实现页面之间的信息传递。

4.4.3 Request 对象的常用方法

Request 对象的常用方法如表 4-12 所示。

表 4-12 Request 对象的常用方法

方 法	说 明
MapPath	将指定的虚拟路径转换为相应的物理路径
SaveAs	将 HTTP 请求保存到指定的文件中

【实例 4-13】Request 对象应用实例：获取当前页面的物理路径。

设计步骤：

(1) 在网站 WebSite04 中添加一个新的 ASP.NET 页面 RequestMapPathExample.aspx。

(2) 编写页面 Load 事件的方法代码。

```
protected void Page_Load(object sender, EventArgs e)
{
    Response.Write("虚拟路径：" +
                    Request.ServerVariables["SCRIPT_NAME"]);
    Response.Write("<br>");
    Response.Write("物理路径：" + Request.MapPath
                    (Request.ServerVariables["SCRIPT_NAME"]));
}
```

运行结果如图 4-23 所示。

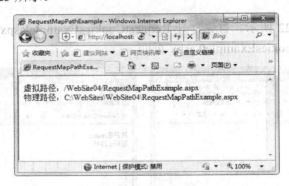

图 4-23 运行结果

【说明】在本实例中，通过访问环境变量 SCRIPT_NAME 获取当前页面的虚拟路径，然后调用 Request 对象的 MapPath()方法将其转换为物理路径。

4.4.4 Request 对象的应用实例

【实例 4-14】基于 Cookies 的访问计数器。如图 4-24 所示，为访问计数器页面 CookiesCounter.aspx。在首次访问时，可显示相应的欢迎信息；而在此后的各次访问中，则能告知相应的访问次数。

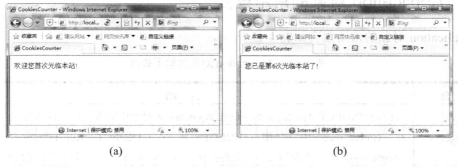

图 4-24　访问计数器

设计步骤：
(1) 在网站 WebSite04 中添加一个新的 ASP.NET 页面 CookiesCounter.aspx。
(2) 编写页面 Load 事件的方法代码。

```
protected void Page_Load(object sender, EventArgs e)
{
    int counter;
    if (Request.Cookies["Vcounter"] == null)
        counter = 1;
    else
        counter = Convert.ToInt16(Request.Cookies["Vcounter"].Value) + 1;
    Response.Cookies["Vcounter"].Value = counter.ToString();
    Response.Cookies["Vcounter"].Expires = DateTime.MaxValue;
    if (counter==1)
        Response.Write("欢迎您首次光临本站!");
    else
        Response.Write("您已是第"+counter.ToString()+"次光临本站了!");
}
```

【说明】在本实例中，利用名称为 Vcounter 的 Cookie 存放用户的访问次数。为使访问次数能长期保存，在此将 Cookie 的有效期设置为最大值(DateTime.MaxValue)。

【提示】请注意某个 Cookie 是否存在的判断方法。

4.5　Application 对象

Application 对象为应用对象，也是可供网站所有用户公用的一个对象。Application 对象由 System.Web 命名空间中的 HttpApplicationState 类实现。

Application 对象在客户端首次访问网站(即访问应用程序虚拟目录中的任何 URL 资源)时创建，且在网站运行期间一直存在，直至网站停止运行或关闭 Web 服务器为止。另外，Application 对象较为特殊，其中所包含的任何信息均可被所有的用户所共享。利用此特性，可方便地实现聊天室、站点计数器等常见应用。

4.5.1 Application 对象的常用集合

Application 对象的常用集合如表 4-13 所示。

表 4-13 Application 对象的常用集合

集 合	说 明
Contents	未使用<OBJECT>标记定义的存储在 Applicaiton 对象中的所有变量的集合
StaticObjects	在 Global.asax 中使用 <OBJECT> 标记 (<OBJECT Runat="server" Scope="Application">…</OBJECT>)定义的存储在 Application 对象中的所有变量的集合
Keys	存储在 Applicaiton 对象中的所有变量名的集合

Contents 集合是 Applicaiton 对象的最为常用的集合，主要用于访问保存在 Applicaiton 对象中的有关变量。其基本用法为：

```
Application.Contents["varname"]
```

其中，varname 为变量名。

由于 Contents 集合是 Applicaiton 对象的默认集合，因此在访问 Applicaiton 对象中的有关变量时，也可省去集合名，即采用以下简写方式：

```
Application["varname"]
```

Applicaiton 对象中的变量通常称之为 Applicaiton 对象变量。

【实例 4-15】Application 对象应用实例：Applicaiton 对象变量的创建与访问。

设计步骤：

(1) 在网站 WebSite04 中添加一个新的 ASP.NET 页面 ApplicaitonContentsExample.aspx，并在其中添加 1 个 Button 控件 Button 1(如图 4-25 所示)，其 Text 属性设置为 OK，PostBackUrl 属性设置为 ApplicaitonContentsExample0.aspx。

图 4-25 页面设计

(2) 编写 ApplicaitonContentsExample.aspx 页面 Load 事件的方法代码。

```
protected void Page_Load(object sender, EventArgs e)
{
    Application["MyVar1"] = "Hello";
    Application.Contents["MyVar2"] = "World";
    Response.Write(Application.Contents["MyVar1"]);
    Response.Write("<br>");
    Response.Write(Application["MyVar2"]);
}
```

(3) 在网站 WebSite04 中添加一个新的 ASP.NET 页面 ApplicaitonContentsExample0.aspx。

(4) 编写 ApplicaitonContentsExample0.aspx 页面 Load 事件的方法代码。

```
protected void Page_Load(object sender, EventArgs e)
{
    for (int i = 0; i < Application.Keys.Count; i++)
```

```
        Response.Write(Application.Keys.Get(i) + ":" + Application
                  [Application.Keys.Get(i)] + "<br>");
    }
```

运行结果如图 4-26 所示。首先打开 ApplicaitonContentsExample.aspx 页面，单击 OK 按钮后即可打开 ApplicaitonContentsExample0.aspx 页面。

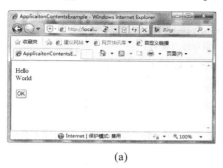
(a)

(b)

图 4-26 运行结果

【说明】

(1) 在 ApplicaitonContentsExample.aspx 页面中，先创建了两个 Applicaiton 对象变量，然后输出其值。

(2) 在 ApplicaitonContentsExample0.aspx 页面中，利用 Application 对象的 Keys 集合，遍历 Application 对象变量，并输出其名称与值。

(3) 在各个页面中均可直接访问有关的 Applicaiton 对象变量。

4.5.2 Application 对象的常用属性

Application 对象的常用属性如表 4-14 所示。

表 4-14 Application 对象的常用属性

属 性	说 明
Count	在 Applicaiton 对象中所包含的变量的个数
AllKeys	包含所有 Applicaiton 对象变量名的数组

【实例 4-16】 Application 对象应用实例：Application 对象变量的遍历。

设计步骤：

(1) 在网站 WebSite04 中添加一个新的 ASP.NET 页面 ApplicaitonPropertyExample.aspx。

(2) 编写 ApplicaitonPropertyExample.aspx 页面 Load 事件的方法代码。

```
protected void Page_Load(object sender, EventArgs e)
{
    Application["MyVar1"] = "Hello!";
    Application["MyVar2"] = "World!";
    Response.Write(Application.Count+"<br>");
    for (int i = 0; i < Application.Count; i++)
```

```
        Response.Write(Application[i] + "<br>");
    string[] MyVar=Application.AllKeys;
    for (int i = 0; i < Application.Count; i++)
        Response.Write(MyVar[i] + " : " + Application[MyVar[i]] + "<br>");
}
```

运行结果如图 4-27 所示。

图 4-27 运行结果

【说明】在本实例中，利用 Application 对象的 Count 属性与 AllKeys 属性，实现了对 Application 对象变量的遍历。

4.5.3 Application 对象的常用方法

Application 对象的常用方法如表 4-15 所示。

表 4-15 Application 对象的常用方法

方法	说明
Lock	锁定 Application 对象
Unlock	解除对 Application 对象的锁定
Clear	清除所有的 Application 对象变量
Add	添加一个新的 Application 对象变量
Get	根据索引或变量名获取 Application 对象变量的值
GetKey	根据索引获取 Application 对象变量的名称
Set	更新指定 Application 对象变量的值
Remove	删除指定的 Application 对象变量
RemoveAll	删除所有的 Application 对象变量

【实例 4-17】基于 Application 对象的网站计数器。如图 4-28 所示，为网站计数器页面 ApplicationCounter.aspx，用于显示当前网站的累计访问次数。

第 4 章 ASP.NET 内置对象

图 4-28 网站计数器

设计步骤：
(1) 在网站 WebSite04 中添加一个新的 ASP.NET 页面 ApplicationCounter.aspx。
(2) 编写页面 Load 事件的方法代码。

```
protected void Page_Load(object sender, EventArgs e)
{
    Application.Lock();
    if (Application["Counter"] == null)
        Application["Counter"] = 1;
    else
        Application["Counter"] = Convert.ToInt32(Application["Counter"]) + 1;
    Application.UnLock();
    Response.Write("欢迎光临！您是本站第"+Application["Counter"]+"位贵宾！");
    Response.Write("<br><br>");
    Response.Write("欢迎光临！您是本站第" + MyImg(Application
                   ["Counter"].ToString()) + "位贵宾！");
}
```

(3) 编写方法 MyImg 的代码。

```
protected string MyImg(string s)
{
    string imgs = "";
    for (int i = 0; i < s.Length; i++)
        imgs = imgs + "<IMG SRC=images/" + s.Substring(i, 1) + ".gif>";
    return imgs;
}
```

【说明】

(1) 在本实例中，利用名称为 Counter 的 Application 对象变量存放网站的累计访问次数。为避免并发操作，在修改该变量值前，先锁定 Application 对象，待修改完毕后再解除对 Application 对象的锁定。

(2) 方法 MyImg 的功能是将一个数字字符串转换为一系列显示相应数字图像的 <IMG> 标记。为实现此功能，需先将 0～9 共 10 个数字的 GIF 图像文件置于站点的 images 子文件夹中(如图 4-29 所示)。

图 4-29 图像文件

【提示】请注意 Application 对象中某个变量是否存在的判断方法。

4.5.4　Application 对象的常用事件

Application 对象的常用事件如表 4-16 所示。

表 4-16　Application 对象的常用事件

事　件	说　　明
Start	创建 Application 对象时触发，其处理程序代码写在 Global.asax 文件的 Application_Start 方法中
End	清除 Application 对象时触发，其处理程序代码写在 Global.asax 文件的 Application_End 方法中

Application 对象的事件处理程序代码均写在 Global.asax 文件中。Global.asax 文件是 ASP.NET 站点的全局配置文件，必须置于网站的根目录中才能起作用。在该文件中，可根据需要编写 Application 对象与 Session 对象的事件处理程序代码。

【实例 4-18】基于 Global 全局配置文件与 Application 对象的网站计数器。如图 4-30 所示，为网站计数器页面 GlobalCounter.aspx，用于显示当前网站的累计访问次数。

图 4-30　网站计数器

第4章 ASP.NET 内置对象

设计步骤：

(1) 在网站 WebSite04 中添加一个新的 ASP.NET 页面 GlobalCounter.aspx。

(2) 编写 GlobalCounter.aspx 页面 Load 事件的方法代码。

```
protected void Page_Load(object sender, EventArgs e)
{
    Application.Lock();
    Application["Counter"] = Convert.ToInt32(Application["Counter"]) + 1;
    Application.UnLock();
    Response.Write("欢迎光临！您是本站第" + Application["Counter"] + "位贵宾！");
}
```

(3) 在网站 WebSite04 中添加一个全局应用程序类文件 Global.asax。

【说明】全局应用程序类文件 Global.asax 通常又称为全局配置文件。添加 Global.asax 文件的方法与添加 ASP.NET 页面的方法类似，区别在于所用模板为"全局应用程序类"（如图 4-31 所示）。

图 4-31 "添加新项"对话框

【注意】Global.asax 文件必须置于网站的根目录中。

(4) 在 Global.asax 文件中编写 Application 对象的 Start 事件的方法代码。

```
void Application_Start(object sender, EventArgs e)
{
    // 在应用程序启动时运行的代码
    Application.Lock();
    Application["Counter"] = 0;   //创建并初始化网站累计访问次数变量 Counter
    Application.UnLock();
}
```

【说明】在本实例中，利用 Application 对象的 Start 事件创建并初始化网站累计访问次数变量 Counter，从而简化了网站计数器页面中的程序代码。

4.5.5　Application 对象的应用实例

【实例 4-19】基于 Application 对象的简易聊天室。如图 4-32 所示，为简易聊天室页面 ChatRoom.aspx，可实现基本的聊天功能。

设计步骤：

（1）在网站 WebSite04 中添加一个新的 ASP.NET 页面 ChatRoom.aspx，并添加显示文本框(TextBox)控件 tb_allwords(其 TextMode 属性设置为 MultiLine、Rows 属性设置为 5、Columns 属性设置为 50、ReadOnly 属性设置为 True)、发言文本框(TextBox)控件 tb_mywords(其 Columns 属性设置为 50)与"发表高见"按钮(Button)控件 Button1(如图 4-33 所示)。

图 4-32　简易聊天室　　　　　图 4-33　页面设计

（2）在页面中添加一个<meta>标记。

```
<meta http-equiv="refresh" content="30" />
```

（3）编写页面Load事件的方法代码。

```
protected void Page_Load(object sender, EventArgs e)
{
    if (Application["allwords"] == null)
        Application["allwords"] = "";
    tb_allwords.Text = Application["allwords"].ToString();
}
```

（4）编写"发表高见"按钮Button1的Click(单击)事件的方法代码。

```
protected void Button1_Click(object sender, EventArgs e)
{
    Application.Lock();
    Application["allwords"] = "["+DateTime.Now.ToString()+"] "+tb_mywords.Text + "\n" + Application["allwords"];
    Application.UnLock();
    tb_allwords.Text = Application["allwords"].ToString();
    tb_mywords.Text = "";
}
```

【说明】在本实例中，各个用户的发言内容均保存在 Application 对象变量 allwords 中，并按时间的降序排列。这样，用户在打开 ChatRoom.aspx 页面时均可先看到最新的发言。此外，为及时显示当前的聊天内容，ChatRoom.aspx 页面使用<meta>标记实现了自动刷新功能(每隔 30 秒刷新一次)。

4.6 Session 对象

Session 对象为会话对象,由 System.Web.SessionState 命名空间中的 HttpSessionState 类实现。与 Application 对象不同,Session 对象是针对各个不同用户的,主要用于在用户的一次会话期间存放与该用户密切相关的一些信息。通常,用户的一次会话从其打开浏览器访问页面开始,直至关闭浏览器结束。

Session 对象是面向单个用户的,因此不同用户所使用的 Session 对象是各不相同的。实际上,每个 Session 对象都有一个唯一的 SessionID(即 Session 标识号),Web 服务器就是根据 SessionID 来区分每个 Session 对象的。Session 对象在用户开启一次新的会话时自动创建(同时 Web 服务器会为其分配一个 SessionID),且在会话期间一直存在,直至会话结束为止。由此可见,在会话期间,当用户在页面之间跳转时,存储在 Session 对象中的信息是不会被清除的。换言之,在此期间各个页面均可共享 Session 对象中的信息。据此特性,可轻松地实现购物车、用户权限检查等常用功能。

4.6.1 Session 对象的常用集合

Session 对象的常用集合如表 4-17 所示。

表 4-17 Session 对象的常用集合

集 合	说 明
Contents	未使用<OBJECT>标记定义的存储在 Session 对象中的所有变量的集合
StaticObjects	在 Global.asax 中使用<OBJECT>标记(<OBJECT Runat="server" Scope="Session">…</OBJECT>)定义的存储在 Session 对象中的所有变量的集合
Keys	存储在 Session 对象中的所有变量名的集合

Contents 集合是 Session 对象的最为常用的集合,主要用于访问保存在 Session 对象中的有关变量。其基本用法为:

```
Session.Contents["varname"]
```

其中,varname 为变量名。

由于 Contents 集合是 Session 对象的默认集合,因此在访问 Session 对象中的有关变量时,也可省去集合名,即采用以下简写方式:

```
Session["varname"]
```

Session 对象中的变量通常称之为 Session 对象变量。

【实例 4-20】Session 对象应用实例:Session 对象变量的创建与访问。

设计步骤:

(1) 在网站 WebSite04 中添加一个新的 ASP.NET 页面 SessionContentsExample.aspx,并在其中添加 1 个 Button 控件 Button1(如图 4-34 所示),其 Text 属性设置为 OK,

PostBackUrl 属性设置为"SessionContentsExample0.aspx"。

图 4-34 页面设计

(2) 编写 SessionContentsExample.aspx 页面 Load 事件的方法代码。

```
protected void Page_Load(object sender, EventArgs e)
{
    Session["username"] = "admin";
    Session.Contents["password"] = "12345";
    Response.Write(Session.Contents["username"]);
    Response.Write("<br>");
    Response.Write(Session["password"]);
}
```

(3) 在网站 WebSite04 中添加一个新的 ASP.NET 页面 SessionContentsExample0.aspx。

(4) 编写 SessionContentsExample0.aspx 页面 Load 事件的方法代码。

```
protected void Page_Load(object sender, EventArgs e)
{
    for (int i = 0; i < Session.Keys.Count; i++)
        Response.Write(Session.Keys.Get(i) + ":" + Session
            [Session.Keys.Get(i)] + "<br>");
}
```

运行结果如图 4-35 所示。首先打开 SessionContentsExample.aspx 页面,单击 OK 按钮后即可打开 SessionContentsExample0.aspx 页面。

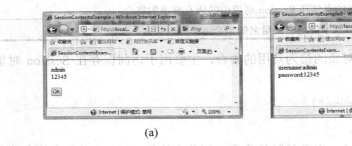

(a)　　　　　　　　　　　　　　　(b)

图 4-35 运行结果

【说明】

(1) 在 SessionContentsExample.aspx 页面中,先创建了两个 Session 对象变量,然后输出其值。

(2) 在 SessionContentsExample0.aspx 页面中,利用 Session 对象的 Keys 集合,遍历 Session 对象变量,并输出其名称与值。

(3) 会话期间,在各个页面中均可直接访问有关的 Session 对象变量。因此,利用 Session 对象,可保存相应的信息,并在页面之间实现信息的传递。

4.6.2 Session 对象的常用属性

Session 对象的常用属性如表 4-18 所示。

表 4-18 Session 对象的常用属性

属 性	说 明
SessionID	Session 对象的 ID(标识号)，由系统自动分配，并具有唯一性
Timeout	Session 对象的有效期(默认为 20 分钟)
Count	在 Session 对象中所包含的变量的个数

Session 对象的有效期(或超时时间)默认为 20 分钟。必要时，可通过 Session 对象 Timeout 属性或在 IIS 中进行设置。在会话期间，若用户未进行任何操作，则 Session 对象在超过有效期时亦将自动失效(即被消除掉)。

【实例 4-21】Session 对象应用实例：Session 对象变量的有效期设置。

设计步骤：

(1) 在网站 WebSite04 中添加一个新的 ASP.NET 页面 SessionPropertyExample.aspx，并在其中添加 4 个 Labe 控件与 1 个 Button 控件 Button 1(如图 4-36 所示)。其中，控件 Button 1 的 Text 属性设置为 OK。

(2) 编写 SessionPropertyExample.aspx 页面 Load 事件的方法代码。

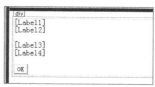

图 4-36 页面设计

```
protected void Page_Load(object sender, EventArgs e)
{
    if (!IsPostBack)
    {
        Session.Timeout = 1;    //有效期为 1 分钟
        Session["username"] = "admin";
        Session["password"] = "12345";
        Label1.Text = "SessionID: " + Session.SessionID;
        Label2.Text = "DateTime: " + DateTime.Now.ToString();
        Label3.Text = "Username: " + Session["username"].ToString();
        Label4.Text = "Password: " + Session["password"].ToString();
    }
}
```

(3) 编写 OK 按钮(即控件 Button 1)Click 事件的方法代码。

```
protected void Button1_Click(object sender, EventArgs e)
{
    Label1.Text = "SessionID: " + Session.SessionID;
    Label2.Text = "DateTime: " + DateTime.Now.ToString();
    Label3.Text = "Username: " + Session["username"].ToString();
    Label4.Text = "Password: " + Session["password"].ToString();
}
```

运行结果如图 4-37 所示。先打开页面，如图 4-37(a)所示。若在 1 分钟内单击 OK 按钮，则一切正常，结果如图 4-37(b)所示；若超过 1 分钟后再单击 OK 按钮，则运行出错，结果如图 4-37(c)所示。

图 4-37　运行结果

【说明】

(1) 通过 Session 对象的 SessionID 属性，可获取当前会话的标识号(ID)。该标识由系统自动分配，且具有唯一性。

(2) 在本实例中，Session 对象的有效期通过其 Timeout 属性设置为 1 分钟。因此，在打开 SessionPropertyExample.aspx 后，若超过 1 分钟才再单击 OK 按钮，则会因访问已失效的 Session 对象而出现运行错误。

4.6.3　Session 对象的常用方法

Session 对象的常用方法如表 4-19 所示。

表 4-19　Session 对象的常用方法

方　　法	说　　明
Abandon	结束当前会话，清除 Session 对象
Clear	清除所有的 Session 对象变量
Add	添加一个新的 Session 对象变量
Get	根据索引或变量名获取 Session 对象变量的值
GetKey	根据索引获取 Session 对象变量的名称

第 4 章 ASP.NET 内置对象

续表

方　法	说　明
Set	更新指定 Session 对象变量的值
Remove	删除指定的 Session 对象变量
RemoveAll	删除所有的 Session 对象变量

【实例 4-22】Session 对象应用实例：Session 对象的立即清除。

设计步骤：

(1) 在网站 WebSite04 中添加一个新的 ASP.NET 页面 SessionAbandonExample.aspx，并在其中添加 1 个 Button 控件 Button1(如图 4-38 所示)，其 Text 属性设置为 OK，PostBackUrl 属性设置为 SessionAbandonExample0.aspx。

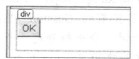

图 4-38　页面设计

(2) 编写页面 SessionAbandonExample.aspx 的 Load 事件的方法代码。

```
protected void Page_Load(object sender, EventArgs e)
{
    Session["username"] = "admin";
    Session.Contents["password"] = "12345";
    Response.Write("SessionID: " + Session.SessionID);
    Response.Write("<br>");
    Response.Write("Username: " + Session.Contents["username"]);
    Response.Write("<br>");
    Response.Write("Password: " + Session["password"]);
    Session.Abandon();
}
```

(3) 在网站 WebSite04 中添加一个新的 ASP.NET 页面 SessionAbandonExample0.aspx，并编写其 Load 事件的方法代码。

```
protected void Page_Load(object sender, EventArgs e)
{
    Response.Write("SessionID: " + Session.SessionID);
    Response.Write("<br>");
    Response.Write("Username: " + Session.Contents["username"]);
    Response.Write("<br>");
    Response.Write("Password: " + Session["password"]);
}
```

运行结果如图 4-39 所示。首先打开 SessionAbandonExample.aspx 页面，单击 OK 按钮后即可打开 SessionAbandonExample0.aspx 页面。

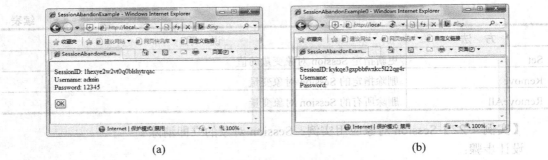

图 4-39　运行结果

【说明】

(1) 在本实例 SessionAbandonExample.aspx 页面的 Load 事件方法中，最后执行"Session.Abandon();"语句清除了当前的 Session 对象，因此在单击 OK 按钮后打开 SessionAbandonExample0.aspx 页面时，会重新创建一个 Session 对象。显然，新旧 Session 对象的标识号是不同的。此外，在新建的 Session 对象对象中，尚无 username 与 password 变量。此时，直接访问这两个 Session 对象变量将返回空值(null)。

(2) 在本实例中，若注释掉"Session.Abandon();"语句，则运行结果如图 4-40 所示。显然，在这种情况下，两个页面中所使用的 Session 对象是一样的。

图 4-40　运行结果

4.6.4　Session 对象的常用事件

Session 对象的常用事件如表 4-20 所示。

表 4-20　Session 对象的常用事件

事件	说明
Start	创建 Session 对象时触发，其处理程序代码写在 Global.asax 文件的 Session_Start 方法中
End	清除 Session 对象时触发，其处理程序代码写在 Global.asax 文件的 Session_End 方法中

【实例 4-23】基于 Session 与 Application 对象的在线人数统计。设计一个在线人数统计页面 SessionOnlineCounter.aspx(如图 4-41 所示)，可显示当前的网站的在线人数及当前会话的 ID(标识号)。

第 4 章 ASP.NET 内置对象

图 4-41 在线人数

设计步骤：

(1) 在网站 WebSite04 中添加一个新的 ASP.NET 页面 SessionOnlineCounter.aspx，并编写其 Load 事件的方法代码。

```
protected void Page_Load(object sender, EventArgs e)
{
    Response.Write("当前在线人数: " + Application["OnlineCounter"]);
    Response.Write("<br>");
    Response.Write("SessionID: " + Session.SessionID);
}
```

(2) 在 Global.asax 文件中编写 Application 对象的 Start 事件的方法代码。

```
void Application_Start(object sender, EventArgs e)
{
    // 在应用程序启动时运行的代码
    Application.Lock();
    Application["OnlineCounter"] = 0;   //创建并初始化在线人数变量OnlineCounter
    Application.UnLock();
}
```

(3) 在 Global.asax 文件中编写 Session 对象的 Start 事件的方法代码。

```
void Session_Start(object sender, EventArgs e)
{
    // 在新会话启动时运行的代码
    Session.Timeout = 1;   //有效期为1分钟
    Application.Lock();
    //在线人数加1
    Application["OnlineCounter"] = Convert.ToInt16(Application
                                          ["OnlineCounter"])+1;
    Application.UnLock();
}
```

(4) 在 Global.asax 文件中编写 Session 对象的 End 事件的方法代码。

```
void Session_End(object sender, EventArgs e)
{
    // 在会话结束时运行的代码
    Application.Lock();
    //在线人数减1
```

```
            Application["OnlineCounter"] =
Convert.ToInt16(Application["OnlineCounter"]) - 1;
            Application.UnLock();
    }
```

【说明】

(1) Application 对象与 Session 对象的 Start 事件与 End 事件的方法代码均写在 Global.asax 文件中。

(2) Session 对象的超时时间默认为 20 分钟。为便于查看运行结果,在本实例中通过 Session 对象的 Timeout 属性将其超时时间设置为 1 分钟。这样,当用户关闭浏览器并过了 1 分钟后,即可触发 Session 对象的 End 事件将在线人数减 1。

4.6.5 Session 对象的应用实例

【实例 4-24】 基于 Session 与 Application 对象的聊天室。设计一个简单的聊天室(如图 4-42 所示),登录后即可发言,并可查看所有的聊天记录。

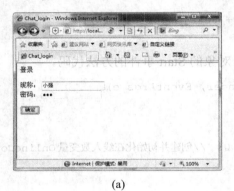
(a)

(b)

图 4-42 聊天室

设计步骤:

(1) 设计登录页面 Chat_login.aspx。

① 在网站 WebSite04 中添加一个新的 ASP.NET 页面 Chat_login.aspx,并添加相应的控件(如图 4-43 所示),包括 "昵称" 文本框(TextBox)控件 username、"密码" 文本框 (TextBox)控件 password(其 TextMode 属性设置为 Password)与 "确定" 按钮(Button)控件 Button1。

② 编写 "确定" 按钮 Button1 的 Click(单击)事件的方法代码。

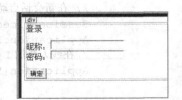

图 4-43 页面设计

```
protected void Button1_Click(object sender, EventArgs e)
{
    Session["username"] = username.Text;
    Session["password"] = password.Text;
    Response.Redirect("Chat_main.htm");
}
```

(2) 设计框架页面Chat_main.htm。

① 在网站 WebSite04 中添加一个新的 HTML 页面 Chat_main.htm。

【说明】添加 HTML 页面的方法与添加 ASP.NET 页面的方法类似，区别在于所用模板为"HTML 页"。

② 在<body>标记前添加< Frameset >标记代码。

```
<Frameset Rows="*,100">
    <Frame src="Chat_display.aspx">
    <Frame src="Chat_send.aspx">
</Frameset>
```

【说明】该< Frameset >标记将浏览器窗口分为上下两部分，分别显示 Chat_display.aspx 与 Chat_send.aspx 页面。

(3) 设计发言页面Chat_send.aspx。

① 在网站 WebSite04 中添加一个新的 ASP.NET 页面 Chat_send.aspx，并添加发言文本框(TextBox)控件 tb_mywords(其 Columns 属性设置为 50)与"发表高见"按钮(Button)控件 Button1(如图 4-44 所示)。

图 4-44　页面设计

② 编写页面 Load 事件的方法代码。

```
protected void Page_Load(object sender, EventArgs e)
{
    if (Application["allwords"] == null)
        Application["allwords"] = "";
}
```

③ 编写"发表高见"按钮Button1的Click(单击)事件的方法代码。

```
protected void Button1_Click(object sender, EventArgs e)
{
    Application.Lock();
    Application["allwords"] = "[" + Session["username"].ToString() + "] "
        + tb_mywords.Text + "\n" + Application["allwords"];
    Application.UnLock();
    tb_mywords.Text = "";
}
```

(4) 设计显示页面Chat_display.aspx。

① 在网站 WebSite04 中添加一个新的 ASP.NET 页面 Chat_display.aspx，并添加聊天记录文本框(TextBox)控件 tb_allwords(如图 4-45 所示)，其 TextMode 属性设置为 MultiLine，Columns 属性设置为 50，Rows 属性设置为 10，ReadOnly 属性设置为 True。

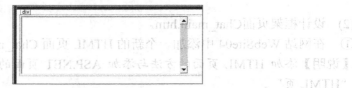

图 4-45 页面设计

② 编写页面 Load 事件的方法代码。

```
protected void Page_Load(object sender, EventArgs e)
{
    if (Application["allwords"] == null)
        Application["allwords"] = "";
    tb_allwords.Text = Application["allwords"].ToString();
}
```

③ 在页面的<head>与</head>标记间添加1个<meta>标记。

```
<meta http-equiv="refresh" content="3" />
```

【说明】在此，<meta>标记用于控制页面每 3 秒钟自动刷新一次。

4.7 Server 对象

Server 对象为服务器对象，主要用于调用服务器的有关方法或访问服务器的有关属性，以便执行相关的操作或获取相关的信息。Server 对象由 System.Web 命名空间中的 HttpServerUtility 类实现(HttpServerUtility 类是一个与 Web 服务器相关的类)。

4.7.1 Server 对象的常用属性

Server 对象的常用属性如表 4-21 所示。

表 4-21 Server 对象的常用属性

属 性	说 明
MachineName	服务器的名称(计算机名)
ScriptTimeout	请求的超时时间(以秒计，默认为 90 秒)

4.7.2 Server 对象的常用方法

Server 对象的常用方法如表 4-22 所示。

表 4-22 Server 对象的常用方法

方 法	说 明
CreateObject	创建 COM 对象的一个实例
CreateObjectFromClsid	创建 COM 对象的一个实例(根据该对象的类标识符)

续表

方法	说明
MapPath	将指定的虚拟路径转换为 Web 服务器上的物理路径
Execute	执行指定的页面(执行完指定的页面后会返回到原来的页面)
Transfer	转移到指定的页面(执行完指定的页面后并不会返回到原来的页面,与 Response 对象的 Redirect 方法相似)
HtmlEncode	对指定的字符串进行 HTML 编码(以便能在浏览器中按原样进行显示)
HtmlDecode	对指定的字符串进行 HTML 解码
UrlEncode	对指定的字符串进行 URL 编码(以便通过 URL 进行可靠的 HTTP 传输)
UrlDecode	对指定的字符串进行 URL 解码

4.7.3　Server 对象的应用实例

【实例 4-25】Server 对象应用实例：获取物理路径。

设计步骤：

(1) 在网站 WebSite04 中添加一个新的 ASP.NET 页面 ServerMapPathExample.aspx。
(2) 编写页面 Load 事件的方法代码。

```
protected void Page_Load(object sender, EventArgs e)
{
    Response.Write(Server.MapPath("."));  //当前目录
    Response.Write("<br>");
    Response.Write(Server.MapPath("images"));  //子目录
    Response.Write("<br>");
    Response.Write(Server.MapPath("images/0.gif"));  //子目录中的文件
    Response.Write("<br>");
     //当前目录中的文件
    Response.Write(Server.MapPath("ServerMapPathExample.aspx"));
    Response.Write("<br>");
     //当前请求的页面
Response.Write(Server.MapPath(Request.ServerVariables["SCRIPT_NAME"]));
    }
```

运行结果如图 4-46 所示。

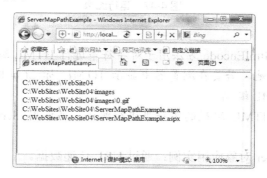

图 4-46　运行结果

【说明】

(1) 通过调用 Server 对象的 MapPath 方法，可得到相应目录或文件在 Web 服务器上的物理路径。

(2) 除 Request.ServerVariables["SCRIPT_NAME"]) 外，还可通过 Request.Path、Request.FilePath 或 Request.ServerVariables["PATH_INFO"])获取当前请求的虚拟路径。

【实例 4-26】Server 对象应用实例：输出 HTML 代码。

设计步骤：

(1) 在网站 WebSite04 中添加一个新的 ASP.NET 页面 ServerHtmlEncodeExample.aspx。

(2) 编写页面 Load 事件的方法代码。

```
protected void Page_Load(object sender, EventArgs e)
{
    Response.Write(Server.HtmlEncode("<b>标记的使用"));
    Response.Write("<br><br>");
    Response.Write("示例: ");
    Response.Write("<br>");
    Response.Write(Server.HtmlEncode("<b>ASP.NET</b>程序设计"));
    Response.Write("<br><br>");
    Response.Write("效果: ");
    Response.Write("<br>");
    Response.Write("<b>ASP.NET</b>程序设计");
}
```

运行结果如图 4-47 所示。

图 4-47　运行结果

【说明】

(1)Server 对象的 HtmlEncode 方法用于对字符串进行 HTML 编码，使其能在浏览器中按原样显示出来。特别地，若要在浏览器中显示 HTML 标记(如本实例中的与)，就必须先对其进行 HTML 编码。

(2)若要对已进行 HTML 编码的字符串进行解码，可调用 Server 对象的 HtmlDecode 方法。

【实例 4-27】Server 对象应用实例：通过 URL 传递数据。

设计步骤：

(1) 在网站 WebSite04 中添加一个新的 ASP.NET 页面 ServerUrlEncodeExample.aspx，

并编写其 Load 事件的方法代码。

```
protected void Page_Load(object sender, EventArgs e)
{
    string s = "You&Me";
    s = Server.UrlEncode(s);
    Response.Write("<a href='ServerUrlEncodeExample0.aspx?abc=" + s + "'>
                   单击此处</a>");
}
```

(2) 在网站 WebSite04 中添加一个新的 ASP.NET 页面 ServerUrlEncodeExample0.aspx，并编写其 Load 事件的方法代码。

```
protected void Page_Load(object sender, EventArgs e)
{
    String s = Request.QueryString["abc"];
    s = Server.UrlDecode(s);
    Response.Write(s);
}
```

运行结果如图 4-48 所示。先打开 ServerUrlEncodeExample.aspx 页面，单击其中的链接后即可打开 ServerUrlEncodeExample0.aspx 页面。

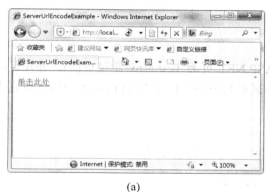
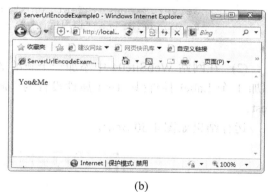

(a)　　　　　　　　　　　　　　　　　(b)

图 4-48　运行结果

【说明】

(1) Server 对象的 UrlEncode 方法用于对字符串进行 URL 编码，使其能正确地通过 URL 进行传递。因此，当字符串中包括有某些特殊字符(如&等)或非英文字符时，应先调用 UrlEncode 方法进行编码，然后再通过 URL 进行传递。

(2) 若要对已进行 URL 编码的字符串进行解码，可调用 Server 对象的 UrlDecode 方法。由于 ASP.NET 可自动对 URL 编码字符串进行解码，因此在本实例中，可将 ServerUrlEncodeExample0.aspx 页面 Load 事件方法代码中的语句 "s=Server.UrlDecode(s);" 注释掉。

(3) 在本实例中，若将 ServerUrlEncodeExample.aspx 页面 Load 事件方法代码中的语句 "s = Server.UrlEncode(s);" 注释掉，则单击链接后打开的 ServerUrlEncodeExample0.aspx 页面如图 4-49 所示(未能正确接收传递过来的数据 You&Me)。

ASP.NET 应用开发实例教程

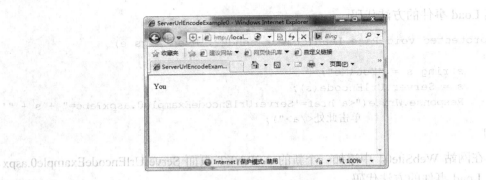

图 4-49 运行结果

【实例 4-28】Server 对象应用实例：页面调用。

设计步骤：

(1) 在网站 WebSite04 中添加一个新的 ASP.NET 页面 ServerExecuteExample.aspx，并编写其 Load 事件的方法代码。

```
protected void Page_Load(object sender, EventArgs e)
{
    Response.Write("调用前...");
    Server.Execute("Test.aspx");
    Response.Write("调用后...");
}
```

(2) 在网站 WebSite04 中添加一个新的 ASP.NET 页面 Test.aspx(测试页面)，并在其中添加 1 个 Label 控件(其 Text 属性设置为"测试页面……")，同时将该页面的标题设置为 Test。

运行结果如图 4-50 所示。

图 4-50 运行结果

【说明】

(1) Server 对象的 Execute 方法与 Transfer 方法均可跳转至指定页面，但待指定页面执行完毕后，前者的后续代码会继续被执行，而后者的后续代码则不再被执行。在本实例中，若将"Server.Execute("Test.aspx");"语句替换为"Server.Transfer("Test.aspx");"语句，则运行结果如图 4-51 所示。

(2) Server 对象的 Execute 方法与 Transfer 方法是在服务器端执行的,浏览器并不知道已进行了一次页面跳转,因此地址栏中的 URL 保持不变。与此不同,Response 对象的 Redirect 方法是直接跳转至指定页面并将其打开,浏览器地址栏中的 URL 会随之更新。在本实例中,若将 " Server.Execute("Test.aspx"); " 语句替换为 " Response.Redirect ("Test.aspx");" 语句,则运行结果如图 4-52 所示。

图 4-51　运行结果

图 4-52　运行结果

本 章 小 结

本章简要地介绍了 ASP.NET 内置对象的概况,并通过具体实例讲解了各种 ASP.NET 内置对象的基本用法。通过本章的学习,应熟知各种 ASP.NET 内置对象常用集合、属性、方法或事件的有关用法,并能在各种 Web 应用的开发中根据需要灵活地加以运用。

思 考 题

1. ASP.NET 的内置对象有哪些?
2. Page 对象的常用属性、事件与方法有哪些?
3. Response 对象的常用属性、集合与方法有哪些?
4. Request 对象的常用属性、集合与方法有哪些?
5. Cookie 是什么?请简述其基本用法。
6. Application 对象的常用集合、属性、方法与事件有哪些?
7. Session 对象的常用集合、属性、方法与事件有哪些?
8. Session 对象与 Application 对象有何主要区别?
9. Server 对象的常用属性与方法有哪些?
10. Server 对象的 Execute 方法、Transfer 方法与 Response 对象的 Redirect 方法有何不同?

第4章 ASP.NET 内置对象

(2) Server 中提供 Execute 方法与 Transfer 方法是在服务器端执行的，浏览器并不知道是进行了一次页面跳转，因此地址栏中的 URL 不会改变。但是使用 Response 对象的 Redirect 方法是由浏览器进行重新指定请求页面来执行的，浏览器地址栏中的 URL 会随之更新。本书例中的 "Server.Execute("Test.aspx")" 语句替换为 "Response.Redirect("Test.aspx");" 语句后，则运行结果见图 4-52 所示。

图 4-51 运行结果

图 4-52 运行结果

本章小结

本章简述介绍了 ASP.NET 内置对象的概念，并通过具体实例讲解了各种 ASP.NET 内置对象的基本用法。通过本章的学习，应熟练各种 ASP.NET 内置对象常用集合、属性、方法或事件的行为用法，并能在各种 Web 应用的开发中根据需要灵活地采用使用。

思 考 题

1. ASP.NET 的内置对象有哪些？
2. Page 对象的常用属性、事件和方法有哪些？
3. Response 对象的常用属性、集合与方法有哪些？
4. Request 对象的常用属性、集合与方法有哪些？
5. Cookie 是什么？请简述其基本用法。
6. Application 对象的常用集合、属性、方法与事件有哪些？
7. Session 对象的常用集合、属性、方法与事件有哪些？
8. Session 对象与 Application 对象有何不同之处？
9. Server 对象的常用属性与方法有哪些？
10. Server 对象的 Execute 方法、Transfer 方法与 Response 对象的 Redirect 方法有何不同？

第 5 章

SQL Server 数据库应用基础

SQL Server 是一种基于客户机/服务器(C/S)体系结构的大型关系数据库管理系统(RDBMS)，目前已得到相当广泛的应用，并可作为大规模联机事务处理(OLTP)、数据仓库、电子商务应用的数据库与数据分析平台。

本章要点：SQL Server 简介；SQL Server 的安装与设置；SQL Server 的数据库管理；常用的 SQL 语句。

学习目标：了解 SQL Server 的概况；掌握 SQL Server 的安装与设置方法；掌握 SQL Server 数据库管理的基本技术；掌握常用 SQL 语句的基本用法。

5.1　SQL Server 简介

SQL Server 是一种基于客户机/服务器(C/S)体系结构的大型关系数据库管理系统(RDBMS)，最初是由 Microsoft、Sybase 与 Ashton-Tate 这三家公司共同开发的，其第一个 OS/2 版本于 1988 年发布。Windows NT 操作系统推出之后，Microsoft 与 Sybase 在 SQL Server 的开发上就分道扬镳了(Microsoft 专注于开发推广 SQL Server 的 Windows NT 版本，而 Sybase 则较专注于 SQL Server 在 UNIX 操作系统上的应用)。1992 年，Microsoft 成功地将 SQL Server 移植到 Windows NT 操作系统上。此后，Microsoft 陆续推出更高的版本，包括 SQL Server 6.5(1996 年)、SQL Server 7.0(1998 年)、SQL Server 2000(2000 年)、SQL Server 2005(2005 年)、SQL Server 2008(2008 年)、SQL Server 2012(2012 年)等。由于 SQL Server 易于使用，而且功能强大、安全可靠、性能优异，并具有极高的可用性与极强的可伸缩性，因此已得到越来越广泛的应用，可作为大规模联机事务处理(OLTP)、数据仓库、电子商务应用的数据库与数据分析平台。

其实，为更好地满足不同应用场合的需求，SQL Server 还有应用版本之分，包括 Enterprise Edition(企业版)、Standard Edition(标准版)、Workgroup Edition(工作组版)、Developer Edition(开发版)、Express Edition(学习版)等。在此，选用的是 SQL Server 2008 Enterprise Edition(企业版)。

5.2　SQL Server 的安装与设置

5.2.1　SQL Server 的安装

SQL Server 的安装较为简单，只需插入安装光盘并运行安装程序，即可启动相应的安装向导。在安装向导的指引下，只需进行相应的设置，即可顺利完成整个安装过程。限于篇幅，在此不作详述。

5.2.2　SQL Server 的设置

为确保 ASP.NET 应用程序能够顺利地连接到 SQL Server 数据库，应对 SQL Server 数据库服务器的有关设置进行认真检查，并在需要时进行相应的修改。

第 5 章 SQL Server 数据库应用基础

1. SQL Server 配置管理器中的有关设置

在 SQL Server 配置管理器中，可对 SQL Server 服务程序的启动方式与 SQL Server 网络协议的有关选项进行相应的设置。

【实例 5-1】设置 SQL Server 服务程序的启动方式与 SQL Server 网络协议的有关选项。

操作步骤：

(1) 在"开始"菜单中选择【所有程序】→Microsoft SQL Server 2008→【配置工具】→【SQL Server 配置管理器】菜单项，打开 Sql Server Configuration Manager 窗口(如图 5-1 所示)。

图 5-1　Sql Server Configuration Manager 窗口

(2) 在左窗格中选中"Sql Server 服务"节点，然后在右窗格中找到相应的 SQL Server 服务程序(在此为 SQL Server (MSSQLSERVER))。若其状态为"已停止"，则右击之并在其快捷菜单中选择"启动"菜单项来启动，确保其处于"正在运行"状态。若其启动模式为"手动"，则双击之打开"SQL Server (MSSQLSERVER)属性"对话框(如图 5-2 所示)，并在其中的"服务"选项卡中将启动模式设置为"自动"。

图 5-2　"SQL Server (MSSQLSERVER)属性"对话框

(3) 在左窗格中选中"SQL Server 网络配置"下的相应协议节点(在此为 MSSQLSERVER 的协议)，然后在右窗格中找到 TCP/IP 协议，确保其处于"已启用"状态(如图 5-3 所示)。

149

若尚未启用，则应双击之，打开"TCP/IP 属性"对话框，并在其中的"协议"选项卡的"已启用"下拉列表框中选中"是"选项(如图 5-4 所示)，同时在"IP 地址"选项卡中将 IPAll 下的 TCP 端口设置为 1433(如图 5-5 所示)。

图 5-3　Sql Server Configuration Manager 窗口

图 5-4　"TCP/IP 属性"对话框　　　　　图 5-5　"TCP/IP 属性"对话框
　　　　　("协议"选项卡)　　　　　　　　　　　　("IP 地址"选项卡)

(4) 重新启动 SQL Server 服务程序(在此为 SQL Server (MSSQLSERVER))，以便使有关设置的更改生效，然后关闭 Sql Server Configuration Manager 窗口。

2. SQL Server Management Studio 中的有关设置

Microsoft SQL Server Management Studio 是专为 SQL Server 数据库管理员与开发人员提供的一种新工具，其中包含用于进行数据库管理的各种图形工具。在 SQL Server Management Studio 中，可根据需要修改 SQL Server 服务器的身份验证模式，或更改登录账号 sa 的密码与状态。

【实例 5-2】启动 SQL Server Management Studio。

操作步骤：

(1) 在"开始"菜单中选择【所有程序】→Microsoft SQL Server 2008→SQL Server

第 5 章　SQL Server 数据库应用基础

Management Studio 菜单项，打开"连接到服务器"对话框(如图 5-6 所示)。

图 5-6　"连接到服务器"对话框

(2) 选定相应的服务器类型(在此为"数据库引擎")、服务器名称(在此为 LSD)、身份验证方式(在此为"Windows 身份验证")，再单击"连接"按钮。

(3) 若一切正常，将打开相应的 Microsoft SQL Server Management Studio 窗口(如图 5-7 所示)。

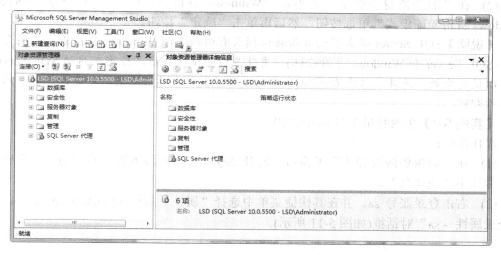

图 5-7　Microsoft SQL Server Management Studio 窗口

【说明】在"连接到服务器"对话框中，也可先在"身份验证"下拉列表框中选定"SQL Server 身份验证"选项，然后在"用户名"处输入 sa，在"密码"处输入相应的密码，最后再单击"连接"按钮。

【实例 5-3】改变 SQL Server 服务器的身份验证模式。
操作步骤：

(1) 在"对象资源管理器"子窗口中，右击 SQL Server 服务器(在此为 LSD)，并在其快捷菜单中选择"属性"菜单项(如图 5-8 所示)，然后在随之打开的"服务器属性"对话框中选中"安全性"选项页(如图 5-9 所示)。

图 5-8　SQL Server 服务器快捷菜单

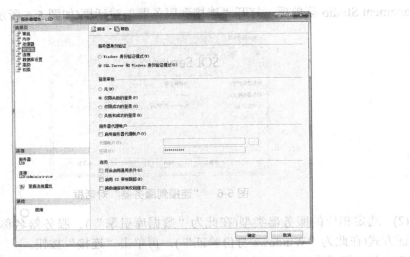

图 5-9 "服务器属性"对话框

(2) 在"服务器身份验证"处单击"Windows 身份验证模式"或"SQL Server 和 Windows 身份验证模式"单选按钮,然后再单击"确定"按钮。

【说明】SQL Server 服务器的身份验证模式有两种,即 Windows 身份验证与混合身份验证(SQL Server 和 Windows 身份验证)。更改身份验证模式后,应重新启动 SQL Server 服务器以使其生效。为此,只需右击 SQL Server 服务器并在其快捷菜单中选择"重新启动"菜单项即可。

【实例 5-4】更改登录账号 sa 的密码。

操作步骤:

(1) 在"对象资源管理器"子窗口,展开 SQL Server 服务器及其下的"安全性"节点,并选中"登录名"。

(2) 右击登录账号 sa,并在其快捷菜单中选择"属性"菜单项(如图 5-10 所示),打开"登录属性 - sa"对话框(如图 5-11 所示)。

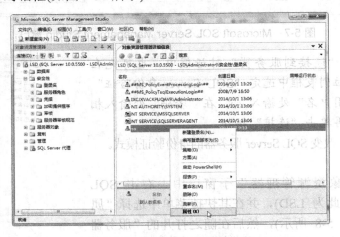

图 5-10 登录账号 sa 快捷菜单

第 5 章　SQL Server 数据库应用基础

图 5-11　"登录属性 - sa"对话框

(3) 在"常规"选项页的"密码"文本框处输入相应的密码，然后在"确认密码"文本框处输入相同的密码，最后再单击"确定"按钮关闭对话框。

【说明】sa 为 SQL Server 超级管理员的登录账号。要使用 sa 连接到 SQL Serve 服务器，必须确保其处于启用状态。为此，只需在"登录属性 - sa"对话框的"状态"选项页(如图 5-12 所示)进行相应的设置即可。

图 5-12　"登录属性 - sa"对话框

5.3　SQL Server 的数据库管理

对于 SQL Server 的数据库管理来说，最基本的就是数据库与表的管理。在此，仅对与

ASP.NET应用开发密切相关的数据库与表的基本操作进行简要介绍。

5.3.1 数据库的基本操作

在 SQL Server 2008 中,通过 SQL Server Management Studio 即可完成数据库的有关基本操作,包括数据库的创建与删除、分离与附加等。

1. 数据库的创建与删除

数据库是数据的"仓库"。要进行应用系统的开发,通常都离不开数据库的支持,因为系统所要管理的数据一般都要保存在数据库中。由此可见,数据库的创建对于大多数应用的开发来说是必须首先完成的。

对于不再需要的数据库,可及时地将其删除,以释放其所占用的存储空间。数据库被删除后,相应的数据库文件及其数据都会被删除。在这种情况下,若事先并无备份,则数据库将不可恢复。

【实例5-5】创建人事管理数据库rsgl。

操作步骤:

(1) 在 SQL Server Management Studio 的"对象资源管理器"子窗口中,展开 SQL Server 服务器,右击其下的"数据库"并在快捷菜单中选择"新建数据库"菜单项(如图 5-13 所示),打开"新建数据库"对话框(如图 5-14 所示)。

图 5-13 "数据库"快捷菜单

图 5-14 "新建数据库"对话框

(2) 在"新建数据库"对话框的"常规"选项页中,设定欲建数据库的名称(在此为rsgl)及其数据库文件(包括数据文件与事务日志文件)的有关参数(如初始大小、增长方式与存储路径等)。

【提示】为方便起见，应注意设置好数据库文件的存放路径。

(3) 单击"确定"按钮，关闭"新建数据库"对话框。

【实例 5-6】删除人事管理数据库 rsgl。

操作步骤：

(1) 在 SQL Server Management Studio 的"对象资源管理器"子窗口中，展开 SQL Server 服务器及其下的"数据库"，然后右击要删除的数据库(在此为 rsgl)，并在其快捷菜单中选择"删除"菜单项，打开"删除对象"对话框(如图 5-15 所示)。

图 5-15 "删除对象"对话框

(2) 必要时，选中"关闭现有连接"等复选框。

(3) 单击"确定"按钮，关闭"删除对象"对话框。

2. 数据库的分离与附加

数据库的分离是将数据库从服务器中分离出去，而不是将数据库删除。反之，数据库的附加是将分离后的数据库重新添加到数据库服务器中。可见，通过数据库的分离与附加操作，可将数据库从一台计算机迁移到另一台计算机，而不必重新创建数据库。

除了系统数据库以外，其余的数据库都可以从数据库服务器中分离出来，并保持其数据文件和日志文件的完整性与一致性。这样，只需备份好分离后的数据库的数据文件与日志文件，即可在需要时将其重新附加到数据库服务器中。

【实例 5-7】数据库的分离。

操作步骤：

(1) 在"对象资源管理器"子窗口中，右击要分离的数据库(在此为 rsgl)，并在其快捷菜单中选择【任务】→【分离】菜单项，打开"分离数据库"对话框(如图 5-16 所示)。

(2) 必要时，选中"删除连接"等复选框。

(3) 单击"确定"按钮。

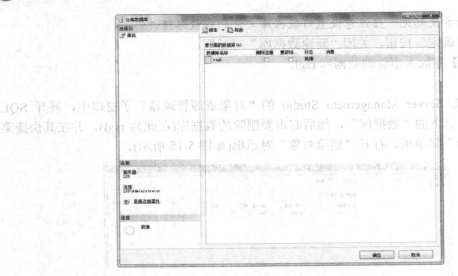

图 5-16 "分离数据库"对话框

【说明】数据库被分离后,将不再显示在"对象资源管理器"子窗口中。此时,可将其各数据库文件复制或移动至相应的地方。

【实例 5-8】数据库的附加。

操作步骤:

(1) 在"对象资源管理器"子窗口中,右击 SQL Server 服务器下方的"数据库",并在其快捷菜单中选择"附加"菜单项,打开"附加数据库"对话框(如图 5-17 所示)。

图 5-17 "附加数据库"对话框

(2) 单击"添加"按钮,打开"定位数据库文件"对话框(如图 5-18 所示),并在其中选定相应数据库的主数据文件(在此为 rsgl.mdf),然后单击"确定"按钮,返回"附加数据库"对话框(如图 5-19 所示)。

第 5 章 SQL Server 数据库应用基础

图 5-18 "定位数据库文件"对话框

图 5-19 "附加数据库"对话框

【说明】在附加数据库时，必须指定主数据文件(MDF 文件)的名称与物理位置。

(3) 单击"确定"按钮。

【说明】数据库被附加后，将再次显示在"对象资源管理器"子窗口中。

5.3.2 表的基本操作

表是最基本的数据库对象，用于存放数据库中的有关数据。与表相关的基本操作主要包括表的创建与删除、表结构的修改、表数据的维护等。

1. 表的创建与删除

从结构上看，表是字段(或列)的集合。因此，创建表的主要工作就是定义表的结构，也就是确定表所包含的字段及其有关属性(如类型、长度等)，并设定表的主键与相关属性。

对于数据库中不再需要的表，可随时将其删除，以释放其所占用的存储空间。表被删除后，其结构定义、数据、约束与索引等都会被删除。

【实例 5-9】在人事管理数据库 rsgl 中创建部门表 bmb、职工表 zgb 与用户表 users。各表的结构如表 5-1～表 5-3 所示。

表 5-1 部门表 bmb 的结构

列 名	类 型	约 束	说 明
bmbh	char(2)	主键	部门编号
bmmc	varchar(20)		部门名称

表 5-2 职工表 zgb 的结构

列 名	类 型	约 束	说 明
bh	char(7)	主键	编号
xm	char(10)		姓名
xb	char(2)		性别
bm	char(2)		所在部门(编号)
csrq	datetime		出生日期
jbgz	decimal(7,2)		基本工资
gwjt	decimal(7,2)		岗位津贴

表 5-3 用户表 users 的结构

列 名	类 型	约 束	说 明
username	char(10)	主键	用户名
password	varchar(20)		用户密码
usertype	varchar(10)		用户类型

操作步骤：

(1) 在"对象资源管理器"子窗口中，展开相应的数据库(在此为 rsgl)，右击其下的"表"并在快捷菜单中选择"新建表"菜单项，打开表结构设计子窗口(如图 5-20 所示)。

图 5-20 表结构设计子窗口

(2) 依次输入各个字段的名称,并选定其数据类型,同时设置好相应的字段属性。如图 5-21 所示,分别为部门表 bmb、职工表 zgb 与用户表 users 的结构定义。

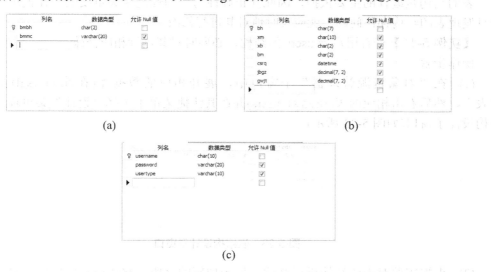

图 5-21 表结构定义

(3) 单击工具栏中的"保存"按钮,并在随之打开的"选择名称"对话框中输入表的名称,然后单击"确定"按钮。

【实例 5-10】在人事管理数据库 rsgl 中删除用户表 users。

操作步骤:

(1) 在"对象资源管理器"子窗口中,展开相应的数据库(在此为 rsgl)及其下的"表",然后右击要删除的表(在此为 users)并在其快捷菜单中选择"删除"菜单项,打开"删除对象"对话框(如图 5-22 所示)。

图 5-22 "删除对象"对话框

(2) 单击"确定"按钮,关闭"删除对象"对话框。

2. 表结构的修改

表的结构是编程的主要依据，因此其正确性与合理性是至关重要的。在使用过程中，一旦发现表的结构存在问题，就应及时地对其进行修改。

【实例 5-11】查看用户表 users 的结构，必要时对其进行相应修改。

操作步骤：

(1) 在"对象资源管理器"子窗口中，展开相应的数据库(在此为 rsgl)及其下的"表"，然后右击相应的表(在此为 users)并在其快捷菜单中选择"设计"菜单项，打开表结构设计子窗口(如图 5-23 所示)。

图 5-23 表结构设计子窗口

(2) 根据需要对表的结构进行修改，如增加新的字段、修改已有字段的定义、删除不再需要的字段等。

(3) 单击工具栏中的"保存"按钮，保存对表结构的修改。

3. 表数据的维护

为检验应用系统的有关功能，通常需要在有关的表中输入一些具体数据。表数据的维护主要包括记录的添加、修改与删除等。

【实例 5-12】在部门表 bmb、职工表 zgb 与用户表 users 中分别输入一些记录(如表 5-4～表 5-6 所示)，并在必要时对其进行相应修改或删除操作。

表 5-4 部门记录

部门编号	部门名称
01	计信系
02	会计系
03	经济系
04	财政系
05	金融系

表 5-5 职工记录

编号	姓名	性别	所在部门	出生日期	基本工资	岗位津贴
1992001	张三	男	01	1969-06-12	1500.00	1000.00
1992002	李四	男	01	1968-12-15	1600.00	1100.00
1993001	王五	男	02	1970-01-25	1300.00	800.00
1993002	赵一	女	03	1970-03-15	1300.00	800.00
1993003	赵二	女	01	1971-01-01	1200.00	700.00

第 5 章 SQL Server 数据库应用基础

表 5-6 用户记录

用户名	用户密码	用户类型
abc	123	普通用户
abcabc	123	普通用户
admin	12345	系统管理员
system	12345	系统管理员

操作步骤：

(1) 在"对象资源管理器"子窗口中，展开相应的数据库(在此为 rsgl)及其下的"表"，然后右击相应的表(在此分别为 bmb、zgb 与 users)并在其快捷菜单中选择"编辑"菜单项，打开表数据编辑子窗口(如图 5-24 所示)。

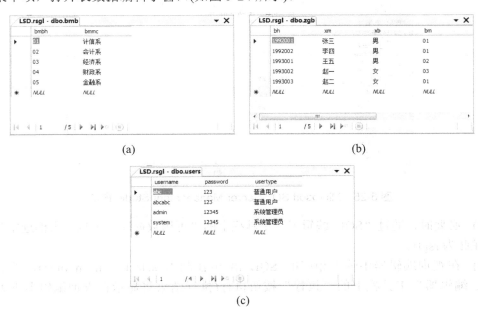

图 5-24 表数据编辑子窗口

(2) 根据需要对表的记录进行相应的添加、修改或删除操作。
(3) 单击表数据编辑子窗口的"关闭"按钮，关闭表数据编辑子窗口。

5.4 常用的 SQL 语句

在各类应用的开发中，通常都要实现记录的增加、修改、删除与查询等基本功能。为此，必须熟悉并掌握相应的 SQL 语句。

SQL 意为结构化查询语言(Structured Query Language)，是关系型数据库的标准语言。SQL 不但易于使用，而且功能强大。在此，仅通过实例介绍几个与表数据维护密切相关的 SQL 语句，即插入(INSERT)语句、更新(UPDATE)语句、删除(DELETE)语句与查询(SELECT)语句。

5.4.1 SQL 语句的编写与执行

在 SQL Server 2008 的 SQL Server Management Studio 中,可利用查询编辑器编写并执行相应的 SQL 语句。

【实例 5-13】SQL 语句的编写与执行。

操作步骤:

(1) 在 Microsoft SQL Server Management Studio 窗口中,单击工具栏上的"新建查询"按钮,打开查询编辑器(如图 5-25 所示)。

图 5-25 Microsoft SQL Server Management Studio 窗口

(2) 必要时,通过"SQL 编辑器"工具栏上的"可用数据库"下拉列表框选定当前数据库(在此为 rsgl)。

(3) 在查询编辑器中输入相应的 SQL 语句(在此为 select * from bmb),然后单击"SQL 编辑器"工具栏上的"执行"按钮执行(执行结果将显示在查询编辑器下方的窗格中)。

【提示】

(1) 必要时,可只执行查询编辑器中的部分语句。为此,只需在执行前先选定要执行的语句即可。

(2) 在查询编辑器中,可利用其提供的缩进功能对 SQL 语句进行排版。为此,只需先选中有关的语句,然后再单击工具栏上的"增加缩进"按钮 或"减少缩进"按钮 即可。

(3) 在查询编辑器中,可利用其提供的注释功能对 SQL 语句进行注释。为此,只需先选中有关的语句,然后再单击工具栏上的"注释选中行"按钮 或"取消对选中行的注释"按钮 即可。

(4) 对于查询编辑器中 SQL 语句,可在执行前先对其进行语法分析。为此,只需单击"SQL 编辑器"工具栏上的"分析"按钮 即可。

(5) 对于查询编辑器中 SQL 语句,可将其保存到相应的 SQL 文件(*.sql)中,以便在需要时直接加以调用。为生成 SQL 文件，只需单击工具栏上的"保存"按钮并完成相应的后续操作即可。反之，为打开 SQL 文件，只需单击工具栏上的"打开文件"按钮并完成相应的后续操作即可。

5.4.2 插入(INSERT)语句

INSERT 语句用于向某个表中插入记录，其语法格式为：

```
INSERT [INTO] table_name [(column_list)] VALUES (value_list)
```

其中，table_name 为表名，column_list 为字段名列表，value_list 为字段值列表。

【实例 5-14】插入记录示例。

(1) 插入一个用户记录，其用户名为 sys，密码为 12345，类型为系统管理员。
(2) 插入一个职工记录，其编号为 1995001，姓名为赵三，性别为男，部门编号为 05，出生日期为 1971 年 10 月 1 日，基本工资为 1000 元。

SQL 语句：

(1) insert into users (username,password,usertype) values ('sys','12345','系统管理员')
(2) insert into zgb (bh,xm,xb,bm,csrq,jbgz) values ('1995001', '赵三', '男', '05', '1971-10-1', 1000)

5.4.3 更新(UPDATE)语句

UPDATE 语句用于对某个表中的有关记录进行修改(或更新)，其语法格式为：

```
UPDATE table_name SET { column_name = expression | DEFAULT | NULL }[,…n]
[WHERE search_condition]
```

其中，table_name 为表名，column_name 为字段名，expression 为字段值表达式，search_condition 为查询条件。

【实例 5-15】更新记录示例。

(1) 将编号为 1995001 的职工的岗位津贴设为 200 元。
(2) 将编号为 1995001 的职工的岗位津贴增加 100 元。

SQL 语句：

(1) update zgb set gwjt=200 where bh='1995001'
(2) update zgb set gwjt=gwjt+100 where bh='1995001'

5.4.4 删除(DELETE)语句

DELETE 语句用于删除某个表中的有关记录，其语法格式为：

```
DELETE FROM table_name [WHERE search_condition]
```

其中，table_name 为表名，search_condition 为查询条件。

【实例 5-16】删除记录示例。

(1) 删除编号为 00 的部门记录。
(2) 删除编号为 1995001 的职工记录。
SQL 语句：
(1) delete from bmb where bmbh='00'
(2) delete from zgb where bh='1995001'

5.4.5 查询(SELECT)语句

SELECT 语句用于查询(或检索)表中的记录或数据，并返回相应的结果集。其语法格式为：

```
SELECT [ALL|DISTINCT]
* | { column_name [AS column_alias] } [,…n]
FROM { table_name [[AS] table_alias] } [,…n]
[WHERE search_condition]
[GROUP BY { column_name } [,…n] [HAVING filter_condition]]
[ORDER BY {column_name [ASC|DESC] } [,…n] ]
```

其中，*表示所有的字段。此外，column_name 为字段名，column_alias 为字段别名，table_name 为表名，table_alias 为表别名，search_condition 为查询条件，filter_condition 为过滤条件。

下面通过具体实例，简要介绍查询语句的各类用法。

1．简单查询

简单查询是最基本的查询，仅针对某个表进行，而且不带任何条件。其基本格式为：

SELECT <字段名列表> FROM <表名>

必要时，可用*表示表中的所有字段，或用 DISTINCT 关键字去除结果集中的重复记录。

【实例 5-17】简单查询示例。
(1) 查询所有的职工。
(2) 查询所有职工的编号、姓名、性别与出生日期。
(3) 查询职工所在部门的编号。
SQL 语句：
(1) select * from zgb
(2) select bh,xm,xb,bm,csrq from zgb
(3) select distinct from zgb

2．条件查询

条件查询就是根据指定的条件进行查询。为此，需使用 WHERE 子句指定查询条件。其基本格式为：

SELECT <字段名列表> FROM <表名> WHERE<条件表达式>

条件查询可分为以下几种基本类型。

1) 比较查询

比较查询的条件由比较运算符连接有关的表达式构成，可供使用的比较运算符包括 =、>、<、>=、<=、!>、!<、<>与!=。例如：

```
jbgz>=1300
```

2) 范围查询

范围查询的条件是一个指定的范围，通常用 BETWEEN…AND 来指定。其基本格式为：

<字段名> [NOT] BETWEEN <值1> AND <值2>

其中，NOT 用于表示不在指定的范围内。例如：

```
jbgz BETWEEN 1000 AND 1300
jbgz NOT BETWEEN 1000 AND 1300
```

在使用 BETWEEN…AND 指定范围时，第一个值必须小于第二个值。其实，BETWEEN…AND 是"大于等于第一个值，并且小于等于第二个值"的简写形式，因此所指定的范围是包括两端的值的。

3) 列表查询

列表查询又称为集合查询，其条件是一个指定的列表或集合，需用 IN 来指定。其基本格式为：

<字段名> [NOT] IN (值列表)

其中，NOT 用于表示不在指定的列表或集合内。例如：

```
jbgz IN (1300,1500)
jbgz NOT IN (1300,1500)
```

4) 模式查询

模式查询又称为模糊查询，其条件是一个指定的匹配模式，需用 LIKE 来指定。其基本格式为：

<字段名> [NOT] LIKE <匹配模式>

其中，NOT 用于表示不匹配指定的模式。例如：

```
xm LIKE '赵%'
xm NOT LIKE '赵%'
```

在指定匹配模式时，可供使用的常用通配符如下所示。

- %：表示任意字符串(包括空字符串)。
- _：表示任意一个字符。
- [ ]：表示指定范围内的任何单个字符(包括两端的字符)。例如，[A～F]表示 A 到 F 范围内的任意字符。
- [^]：表示指定范围之外的任何单个字符。例如，[^A～F]表示 A 到 F 范围外的任意字符。

5) 空值查询

空值查询的条件是指定的字段值是否为空(NULL)，需用 IS 来指定。其基本格式为：

```
<字段名 >IS [NOT] NULL
```

其中，NOT 用于表示非空。例如：

```
gwjt IS NULL
gwjt IS NOT NULL
```

6) 组合查询

组合查询即多重条件查询，其条件有多个，需使用逻辑运算符进行连接。其中，可供使用的逻辑运算符包括 NOT(非)、AND(与)、OR(或)。例如：

```
jbgz >=1000 AND jbgz <=1300 AND xb='男'
```

【实例 5-18】条件查询示例。

(1) 查询基本工资不少于 1300 元的职工的编号、姓名与基本工资。
(2) 查询基本工资为 1000 元至 1300 元的职工的编号、姓名与基本工资。
(3) 查询基本工资为 1300 元或 1500 元的职工的编号、姓名与基本工资。
(4) 查询姓赵的职工的编号、姓名与基本工资。
(5) 查询岗位津贴为空的职工的编号、姓名与基本工资。
(6) 查询基本工资为 1000 元至 1300 元的男职工的编号、姓名与基本工资。

SQL 语句：

(1) select bh,xm,jbgz from zgb where jbgz>=1300
(2) select bh,xm,jbgz from zgb where jbgz BETWEEN 1000 AND 1300
(3) select bh,xm,jbgz from zgb where jbgz IN (1300,1500)
(4) select bh,xm,jbgz from zgb where xm like '赵%'
(5) select bh,xm,jbgz from zgb where gwjt is NULL
(6) select bh,xm,jbgz from zgb where jbgz >=1000 and jbgz <=1300 and xb='男'

3. 聚合查询

聚合查询是指在查询中使用聚合函数进行统计或计算。常用的聚合函数如表 5-7 所示。

表 5-7 常用的聚合函数

聚合函数	说明
COUNT()	计算记录的个数
SUM()	计算某个字段的总值
AVG()	计算某个字段的平均值
MAX()	求出某个字段的最大值
MIN()	求出某个字段的最小值

【实例 5-19】聚合查询示例。
(1) 查询姓赵的职工的人数。
(2) 查询职工基本工资的最大值、最小值、平均值与总和。
SQL 语句：
(1) select count(*) from zgb where xm like '赵%'
(2) select max(jbgz),min(jbgz),avg(jbgz),sum(jbgz) from zgb

4. 分组查询

分组查询需使用 GROUP BY 子句进行分组。对于分组查询的结果，还可以使用 HAVING 子句进行过滤。

【实例 5-20】分组查询示例。
(1) 查询各个部门的编号与人数。
(2) 查询至少有 2 名职工的部门的编号与人数。
SQL 语句：
(1) select bm,count(*) from zgb group by bm
(2) select bm,count(*) from zgb group by bm having count(*)>=2

【提示】在进行分组查询时，应注意以下几点：
(1) WHERE 子句必须放在 GROUP BY 子句之前。
(2) HAVING 子句中只能包含分组字段或聚合函数。
(3) SELECT 子句的选择列表只能包含分组字段或聚合函数。
(4) HAVING 子句必须放在 GROUP BY 子句之后。

5. 连接查询

连接查询是指同时涉及多个表的查询，其主要目的就是从多个表中获取所需要的数据。为实现连接查询，需要指定相应的连接条件，以便实现表间的连接操作。通常，可通过 FROM 子句指定要进行连接的表，然后通过 WHERE 子句指定所需要的连接条件。连接条件的一般格式为：

[<表名1>.]<字段名1> <比较运算符> [<表名2>.]<字段名2>

【实例 5-21】连接查询示例。
(1) 查询所有职工的编号、姓名与所在部门的名称。
(2) 查询计信系的职工的编号、姓名与基本工资。
SQL 语句：
(1) select bh,xm,bmmc from zgb,bmb where zgb.bm=bmb.bmbh
(2) select bh,xm,jbgz from zgb,bmb where zgb.bm=bmb.bmbh and bmmc='计信系'

6. 结果排序

为对查询结果进行排序，需使用 ORDER BY 子句指定作为排序依据的字段及其排序方式。其中，升序用 ASC 指定，降序用 DESC 指定。未指定排序方式时，则默认为升序。

【实例 5-22】 结果排序示例。

(1) 查询所有职工的编号、姓名与部门名称，并按部门名称的升序与职工编号的降序排列。

(2) 查询所有职工的编号、姓名与部门名称，并按部门名称的降序与职工编号的升序排列。

SQL 语句：

(1) select bh,xm,bmmc from zgb,bmb where zgb.bm=bmb.bmbh order by bmmc,bh desc

(2) select bh,xm,bmmc from zgb,bmb where zgb.bm=bmb.bmbh order by bmmc desc,bh

【注意】 ORDER BY 子句只能置于其他所有子句的后面。

本 章 小 结

本章简要地介绍了 SQL Server 的概况，并通过具体实例讲解了 SQL Server 的安装与设置方法、SQL Server 数据库管理的基本技术以及常用 SQL 语句的基本用法。通过本章的学习，应熟练掌握 SQL Server 的设置方法与数据库管理的有关技术，为基于 SQL Server 数据库的各类 Web 应用系统的开发奠定良好的基础。

思 考 题

1. 在 SQL Server Management Studio 中，如何改变 SQL Server 服务器的身份验证模式？
2. 在 SQL Server Management Studio 中，如何更改登录账号 sa 的密码？
3. 在 SQL Server Management Studio 中，如何创建与删除数据库？
4. 在 SQL Server Management Studio 中，如何分离与附加数据库？
5. 在 SQL Server Management Studio 中，如何创建与删除表？
6. 在 SQL Server Management Studio 中，如何修改表的结构？
7. 在 SQL Server Management Studio 中，如何维护表的数据？
8. 在 SQL Server Management Studio 中，如何编写并执行 SQL 语句？
9. INSERT 语句的作用是什么？请简述其基本用法。
10. UPDATE 语句的作用是什么？请简述其基本用法。
11. DELETE 语句的作用是什么？请简述其基本用法。
12. SELECT 语句的作用是什么？请简述其基本用法。
13. 进行模糊查询时，常用的通配符有哪些？
14. 在进行聚合查询时，常用的聚合函数有哪些？各有何作用？
15. 连接查询有何作用？如何实现之？

第 6 章

ADO.NET 数据库访问技术

ADO.NET(ActiveX Data Object for the .NET Framework)是.NET Framework 中用于实现数据库访问的一种组件，在各种应用的开发中十分常见。

本章要点：ADO.NET 简介；ADO.NET 常用对象；服务器端数据访问控件；DataSet 典型应用。

学习目标：了解 ADO.NET 的概况；掌握 ADO.NET 常用对象的主要用法；掌握常用服务器端数据访问控件的基本用法；掌握 DataSet 的典型应用模式。

6.1 ADO.NET 简介

ADO.NET 即 ActiveX Data Object for the .NET Framework，是 ADO(ActiveX Data Object)的升级版本，也是.NET Framework 中用于实现数据库访问的一种常用组件。

作为一种全新的数据库访问技术，ADO.NET 为.NET 开发人员提供了一组相关的类，以便于实现对数据库或其他数据源的访问。实际上，ADO.NET 在.NET Framework 中为存取任何类型的数据提供了一个统一的框架，适用于 Windows 应用程序、ASP.NET 应用程序与 Web Services 等各类应用的开发。

6.1.1 ADO.NET 的结构

从总体看，ADO.NET 可分为两个部分，即.NET Framework 数据提供程序(.NET Data Provider)与数据集(DataSet)。ADO.NET 的结构如图 6-1 所示。

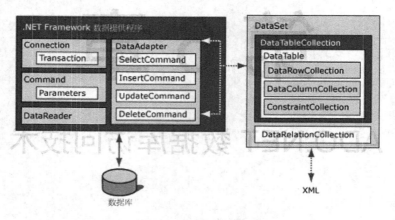

图 6-1 ADO.NET 的结构

1. NET Framework 数据提供程序

.NET Framework 数据提供程序用于与数据源打交道，包括连接数据源、执行命令与检索结果等功能。

在.NET Framework 数据提供程序中，共包含有以下 4 个对象。

(1) Connection 对象：用于建立与特定数据源的连接。其 ConnectionString 属性用于设置打开数据源的连接字符串。

(2) Command 对象：用于在数据源上执行 SQL 语句或存储过程。其 CommandText 属性用于设置在数据源上所要执行的 SQL 语句、存储过程或表名。

(3) DataReader 对象：用于以只读的、向前的、快速的、低开销的方式从数据源中读取数据。DataReader 对象可通过 Command 对象的 ExecuteReader()方法创建。

(4) DataAdapter 对象：用于检索与保存数据，是数据源与 DataSet(数据集)之间的桥梁，也是数据提供程序组件中功能最为复杂的对象。DataAdapter 对象通过 Fill()方法填充 DataSet 中的数据，以便与数据源中的数据相匹配；通过 Update()方法更新数据源中的数据，以便与 DataSet 中的数据相匹配。在 DataAdapter 对象中，包含有 4 个 Command 子对象，即 SelectCommand、UpdateCommand、InsertCommand 与 DeleteCommand。

目前，.NET Framework 数据提供程序共有以下 4 种。

(1) SQL Server .NET Framework 数据提供程序：用于访问 SQL Server 数据库。该数据提供程序使用其自身的协议与 SQL Server 通信，由于经过了优化，可以直接访问 SQL Server 而无需添加 OLEDB 或 ODBC 层，因此具有较高的性能。

(2) OLEDB .NET Framework 数据提供程序：用于访问 OLEDB 数据源。该数据提供程序通过 OLEDB 服务组件和数据源的 OLEDB 驱动程序与 OLEDB 数据源进行通信。

(3) ODBC .NET Framework 数据提供程序：用于访问 ODBC 数据源。该数据提供程序通过 ODBC 与数据源进行通信。

(4) Oracle .NET Framework 数据提供程序：用于访问 Oracle 数据库。该数据提供程序通过 Oracle 客户端与 Oracle 数据库进行通信。

可见，.NET Framework 数据提供程序的选择需根据所要访问的数据库或数据源的类型来确定。例如，对于 SQL Server 数据库，通常使用 SQL Server .NET Framework 数据提供程序；而对于 Access 数据库，则通常使用 OLEDB .NET Framework 数据提供程序。

.NET Framework 数据提供程序不同，其所包含的各个对象的具体实现与名称亦有所不同。例如，对于 SQL Server .NET Framework 数据提供程序，各对象分别为 SqlConnection、SqlCommand、SqlDataReader 与 SqlDataAdapter；而对于 OLEDB .NET Framework 数据提供程序，则各对象分别为 OleDbConnection、OleDbCommand、OleDbDataReader 与 OleDbDataAdapter。

2. DataSet

DataSet 即数据集，是数据源中的有关数据在内存中的映像或表示形式，相当于内存中的数据库。基于 DataSet，可以屏蔽掉数据源之间的差异，从而提供了一种一致的关系编程模型。此外，借助于 DataSet，也可提供一种断开式的数据访问机制。

在 DataSet 中，包含有两个集合，即 DataTableCollection 与 DataRelationCollection。其中，DataTableCollection 表示 DataSet 中所包含的 DataTable(数据表)，而 DataRelationCollection 则用于定义 DataTable 之间的关系。

对于每个 DataTable 来说，又包含有 3 个集合，即 DataRowCollection(数据行集合)、DataColumnCollection(数据列集合)与 ConstraintCollection(约束集合)。其中，DataRowCollection 集合包含了数据表的行，DataColumnCollection 集合包含了数据表的列，而 ConstraintCollection 集合则定义了维护数据完整性的约束。

6.1.2 ADO.NET 的命名空间

ADO.NET 的命名空间均为 System.Data 的子命名空间。换言之，System.Data 命名空间提供了对 ADO.NET 结构的全面支持。在使用 ADO.NET 实现对数据源的访问之前，首先要引用相应的命名空间。与 ADO.NET 密切相关的主要命名空间如表 6-1 所示。

表 6-1 ADO.NET 的主要命名空间

命名空间	说明
System.Data.Common	包含由 .NET Framework 数据提供程序共享的类
System.Data.Odbc	用于 ODBC 的 .NET Framework 数据提供程序
System.Data.OleDb	用于 OLE DB 的 .NET Framework 数据提供程序
System.Data.OracleClient	用于 Oracle 的 .NET Framework 数据提供程序
System.Data.SqlClient	用于 SQL Server 的 .NET Framework 数据提供程序

6.2 ADO.NET 常用对象

6.2.1 Connection 对象

Connection 对象即连接对象，主要用于实现与数据库(或数据源)的连接以及对数据库事务的管理。该对象的常用属性、方法分别如表 6-2 和表 6-3 所示。

表 6-2 Connection 对象的常用属性

属性	说明
ConnectionString	连接字符串
ConnectionTimeout	连接超时时间
Database	当前数据库或连接打开后所要使用的数据库的名称
DataSource	数据源
Provider	OLE DB 数据提供程序的名称
State	连接的当前状态

表 6-3 Connection 对象的常用方法

方法	说明
Open	打开对数据库的连接
Close	关闭当前对数据库的连接
CreateCommand	创建并返回一个与当前连接相关联的 Command 对象
BeginTransaction	开始数据库事务
ChangeDatabase	更改当前打开的数据库

第 6 章 ADO.NET 数据库访问技术

在使用 Connection 对象连接数据源时，需利用其 ConnectionString 属性指定一个相应的连接字符串。连接字符串由以分号";"隔开的"参数名=参数值"组成，用于提供服务器名称、数据库名称、登录账户与密码等信息。连接字符串的常用参数如表 6-4 所示。

表 6-4 连接字符串的常用参数

参　数	说　明
Provider	用于指定数据提供者。仅用于 OleDbConnection 对象
Data Source(或 Server)	用于指定 SQL Server 服务器的名称(或 IP 地址)，或指定 Access 数据库的路径及文件名
Initial Catalog(或 Database)	用于指定数据库的名称
User ID(或 uid)	用于指定 SQL Server 登录账户
Password(或 pwd)	用于指定 SQL Server 登录账户的密码
Connection Timeout	用于指定在终止尝试并产生异常前等待连接到服务器的时间(以秒为单位，默认值为 15 秒)
Integrated Security (或 Trusted_Connection)	用于指定是否使用 Windows 集成安全身份验证。其可能取值包括 True、False 与 SSPI(SSPI 与 True 同义)
Persist Security Info	用于指定是否将安全敏感信息(如密码)作为连接的一部分返回。其值为 True 时返回，为 False(默认值)时不返回。由于该参数设置为 True 时会存在安全风险，因此通常应将其设置为 False

连接字符串的设置是较为灵活的，所需参数应根据所要连接的数据源来决定。例如，对于 SQL Server 数据库，通常只需指定 Data Source(或 Server)、Initial Catalog(或 Database)、User ID(或 uid)、Password(或 pwd)与 Integrated Security(或 Trusted_Connection)这几个参数即可。

【实例 6-1】Connection 对象应用实例：建立与 SQL Server 数据库 rsgl 的连接，然后再关闭之。

设计步骤：

(1) 创建一个 ASP.NET 网站 WebSite06。
(2) 在网站 WebSite06 中添加一个新的 ASP.NET 页面 ConnectionExample.aspx。
(3) 引用命名空间。

```
using System.Data;
using System.Data.SqlClient;
```

(4) 编写页面 Load 事件的方法代码。

```
protected void Page_Load(object sender, EventArgs e)
{
    string constr = "Data Source=.;Initial Catalog=rsgl;
                    Integrated Security=True";
    SqlConnection conn = new SqlConnection(constr);
    conn.Open();
    Response.Write(conn.State);
```

```
Response.Write("<br>已连接成功!<br>");
conn.Close();
Response.Write(conn.State);
Response.Write("<br>已断开连接!<br>");
}
```

运行结果如图 6-2 所示。

图 6-2　运行结果

【说明】

(1) 在本实例(及此后相关实例)中，所连接的 SQL Server 数据库为 rsgl(如图 6-3 所示)，SQL Server 服务器的身份验证模式为 Windows 身份验证模式，相应的连接字符串为：

```
Data Source=.;Initial Catalog=rsgl;Integrated Security=True
```

其中，参数名 Data Source、Initial Catalog、Integrated Security 可分别用 server、database、Trusted_Connection 代替，"." 可用 "(local)" 代替(表示本地 SQL Server 服务器)。

若将 SQL Server 服务器的身份验证模式设置为混合模式 (Windows 身份验证和 SQL Server 身份验证)，并将超级管理员登录账户 sa 的密码设置为 abc123，则连接字符串应改写为：

图 6-3　rsgl 数据库

```
Data Source=.;Initial Catalog=rsgl;User ID=sa;Password=abc123
```

其中，参数名 Data Source、Initial Catalog、User ID、Password 可分别用 server、database、uid、pwd 代替。

若使用的 SQL Server 为 Express 版，则连接字符串中的 "." 或 "(local)" 应改写为 ".\\SQLExpress" 或 "(local)\\SQLExpress"。

(2)为方便起见，最好将连接字符串置于网站的配置文件 web.config 中。这样，在需要连接字符串时只需根据其名称从配置文件直接读取即可。如图 6-4 所示，为 SQL Server 数据库 rsgl 的连接字符串(其名称为 rsglConnectionString)的配置实例(若使用的 SQL Server 为 Express 版，则其中的 "." 应改写为 ".\SQLExpress")。

第 6 章 ADO.NET 数据库访问技术

```
<connectionStrings>
  <add name="rsglConnectionString" connectionString="Data Source=.;Initial Catalog=rsgl;Integrated Security=True"
       providerName="System.Data.SqlClient"/>
</connectionStrings>
```

图 6-4　rsgl 数据库的连接字符串配置

为从 web.config 中获取名称为 rsglConnectionString 的连接字符串，可使用以下两种方法之一(需先引用命名空间 System.Configuration)：

```
string constr = ConfigurationManager.
ConnectionStrings["rsglConnectionString"].ToString();
string constr = ConfigurationManager.
ConnectionStrings["rsglConnectionString"].ConnectionString;
```

(3) 为访问 SQL Server 数据库，通常需先引用命名空间 System.Data 与 System.Data.SqlClient。

(4) 在 ASP.NET 中，数据库的连接可通过 Connection 对象实现。Connection 对象的常用方法为 Open 与 Close，前者用于打开与数据库的连接，后者则用于关闭与数据库的连接。

(5) 必要时，可通过 Connection 对象的 State 属性返回当前连接的状态。

【实例 6-2】Connection 对象应用实例：建立与 Access 数据库 rsgl.mdb 的连接，然后再关闭之。

设计步骤：

(1) 在网站 WebSite06 中添加一个新的 ASP.NET 页面 ConnectionAccessExample.aspx。

(2) 引用命名空间。

```
using System.Data;
using System.Data.OleDb;
```

(3) 编写页面 Load 事件的方法代码。

```
protected void Page_Load(object sender, EventArgs e)
{
    string constr = "Provider=Microsoft.Jet.OLEDB.4.0;Data Source=" +
        Server.MapPath("./App_Data/rsgl.mdb");
    OleDbConnection conn = new OleDbConnection(constr);
    conn.Open();
    Response.Write(conn.State);
    Response.Write("<br>已连接成功!<br>");
    conn.Close();
    Response.Write(conn.State);
    Response.Write("<br>已断开连接!<br>");
}
```

运行结果如图 6-5 所示。

图 6-5 运行结果

【说明】

(1) 在本实例中，所连接的 Access 数据库 rsgl.mdb 放置在网站的 App_Data 子文件夹中(如图 6-6 所示)。

(2) 为访问 Access 数据库，通常需先引用命名空间 System.Data 与 System.Data.OleDb。

图 6-6 Access 数据库 rsgl.mdb

(3) Access 数据库与 SQL Server 数据库的连接字符串差别较大。对于 Access 数据库，需获知其在服务器上的物理地址。在本实例中，Server.MapPath("./App_Data/rsgl.mdb")用于获取 Access 数据库文件 rsgl.mdb 的物理地址。

6.2.2 Command 对象

Command 对象即命令对象，用于对数据库(或数据源)执行查询、增加、修改与删除等各种操作。该对象的常用属性、方法分别如表 6-5 和表 6-6 所示。

表 6-5 Command 对象的常用属性

属 性	说 明
CommandType	要执行的命令的类型(Text、StoredProcedure 或 TableDirect，默认值为 Text)
CommandText	要执行的 SQL 语句、存储过程名或表名
CommandTimeOut	执行命令的超时时间
Connection	所使用的 Connection 对象的名称

表 6-6 Command 对象的常用方法

方 法	说 明
ExecuteNonQuery	执行 INSERT、UPDATE、DELETE 等非查询语句，并返回受影响的记录的个数
ExecuteReader	执行 SELECT 语句，并返回一个 DataReader 实例(相当于查询结果集)
ExecuteScalar	执行查询，并返回结果集中第一行第一列的值

使用 Connection 对象与数据库建立连接后，即可使用 Command 对象对数据库执行各种所需要的操作。具体操作的实现既可以使用 SQL 语句，也可以使用存储过程。

【实例 6-3】Command 对象应用实例：增加、修改或删除部门记录。

第 6 章 ADO.NET 数据库访问技术

设计步骤：
(1) 在网站WebSite06中添加一个新的ASP.NET页面CommandExample1.aspx。
(2) 引用命名空间。

```
using System.Configuration;
using System.Data;
using System.Data.SqlClient;
```

(3) 编写页面 Load 事件的方法代码。

```
protected void Page_Load(object sender, EventArgs e)
{
    string constr = ConfigurationManager.
    ConnectionStrings["rsqlConnectionString"].ToString();
    SqlConnection conn = new SqlConnection(constr);
    conn.Open();
    string sqlstr = "insert into bmb values('10','学生办')";   //增加记录
    //string sqlstr = "update bmb set bmmc='学工部' where bmbh='10'";
    //修改记录
    //string sqlstr = "delete from bmb where bmbh='10'";   //删除记录
    SqlCommand comm = new SqlCommand(sqlstr, conn);   //创建 Command 实例
    comm.ExecuteNonQuery();
    conn.Close();
    Response.Write("OK!");
}
```

运行结果如图 6-7 所示。

图 6-7　运行结果

【说明】

(1) 使用 Connection 对象建立与数据库的连接后，即可使用 Command 对象执行相应的 SQL 语句或存储过程，从而实现对数据库的查询、增加、修改与删除等各种操作。

(2) Command 对象的 ExecuteNonQuery 方法用于执行 INSERT、UPDATE、DELETE 等非查询语句，并返回受影响记录的个数。

(3) 在本实例中，语句"SqlCommand comm = new SqlCommand(sqlstr, conn);"相当于以下语句序列：

```
SqlCommand comm = new SqlCommand();
comm.Connection = conn;
```

```
            comm.CommandType = CommandType.Text;
            comm.CommandText = sqlstr;
```

【实例 6-4】Command 对象应用实例：查询部门的总数。

设计步骤：

(1) 在网站 WebSite06 中添加一个新的 ASP.NET 页面 CommandExample2.aspx。

(2) 引用命名空间。

```
using System.Configuration;
using System.Data;
using System.Data.SqlClient;
```

(3) 编写页面 Load 事件的方法代码。

```
protected void Page_Load(object sender, EventArgs e)
{
    string constr = ConfigurationManager.
    ConnectionStrings["rsglConnectionString"].ToString();
    SqlConnection conn = new SqlConnection(constr);
    conn.Open();
    string sqlstr = "select count(*) from bmb";
    SqlCommand comm = new SqlCommand(sqlstr, conn);
    int n=Convert.ToInt16(comm.ExecuteScalar());
    conn.Close();
    Response.Write(n.ToString());
}
```

运行结果如图 6-8 所示。

图 6-8 运行结果

【说明】Command 对象的 ExecuteScalar 方法用于执行查询语句，但只返回结果集中第 1 行第 1 列的值。

6.2.3 DataReader 对象

DataReader 对象又称为数据读取器(对象)，用于以向前的方式逐条读取结果集中的记录。该对象是通过调用 Command 对象的 ExecuteReader()方法创建的，其常用属性与方法分别如表 6-7 和表 6-8 所示。

第 6 章 ADO.NET 数据库访问技术

表 6-7 DataReader 对象的常用属性

属　　性	说　　明
HasRows	DataReader 中是否包含数据(一条或多条记录)
FieldCount	当前行(记录)的列数(字段数)
IsClose	DataReader 是否已关闭

表 6-8 DataReader 对象的常用方法

方　　法	说　　明
Read	读取 DataReader 中的下一条记录(如果有的话)
Close	关闭 DataReader

使用 DataReader 对象的 Read()方法读取到结果集中的一条记录(或一个数据行)后，可按以下方式访问记录(或数据行)中的字段(或数据列)：

```
DataReaderName["FiledName"]
DataReaderName[FiledIndex]
```

其中，DataReaderName 为相应的 DataReader 实例的名称，FiledName 为字段(或数据列)的名称，FiledIndex 为字段(或数据列)的索引(从 0 开始)。

【实例 6-5】Command 对象与 DataReader 对象应用实例：查询所有的部门记录。

设计步骤：

(1) 在网站WebSite06中添加一个新的ASP.NET页面CommandExample3.aspx。
(2) 引用命名空间。

```
using System.Configuration;
using System.Data;
using System.Data.SqlClient;
```

(3) 编写页面 Load 事件的方法代码。

```
protected void Page_Load(object sender, EventArgs e)
{
    string constr = ConfigurationManager.
    ConnectionStrings ["rsqlConnectionString"].ToString();
    SqlConnection conn = new SqlConnection(constr);
    conn.Open();
    string sqlstr = "select * from bmb";
    SqlCommand comm = new SqlCommand(sqlstr, conn);
    SqlDataReader dr = comm.ExecuteReader();
    if (!dr.HasRows)
    {
        Response.Write("目前尚无部门记录!");
        return;
    }
    Response.Write("部门表");
    Response.Write("<table border='1'>");
    Response.Write("<tr><td>编号</td><td>名称</td></tr>");
    while (dr.Read())
```

```
            {
                Response.Write("<tr><td>" + dr["bmbh"] + "</td><td>" +
                            dr["bmmc"] + "</td></tr>");
                //Response.Write("<tr><td>" + dr[0] + "</td><td>" + dr[1] +
                            "</td></tr>");
            }
            dr.Close();
            conn.Close();
}
```

运行结果如图 6-9 所示。

图 6-9 运行结果

【说明】

(1) Command 对象的 ExecuteReader 方法用于执行一条 SELECT 语句,并返回一个 DataReader 实例(即查询结果集)。通过 DataReader 实例的 HasRows 属性,可判断结果集是否为非空(即是否已查询到相应的记录)。

(2) 在本实例中,通过遍历 DataReader 实例 dr 获取各个部门的信息,并以表格的形式加以输出。

【实例 6-6】Command 对象与 DataReader 对象应用实例:按部门查询职工的信息(如图 6-10 所示)。

设计步骤:

(1) 在网站 WebSite06 中添加一个新的 ASP.NET 页面 SelectExample1.aspx,并添加相应的控件(如图 6-11 所示)。各有关控件及其主要属性设置如表 6-9 所示。

图 6-10 职工查询

图 6-11 页面设计

第 6 章 ADO.NET 数据库访问技术

表 6-9 有关控件及其主要属性设置

控 件	属 性 名	属 性 值
DropDownList 控件 ("部门"下拉列表框)	ID	DropDownList1
	AutoPostBack	True
Button 控件 ("确定"按钮)	ID	Button1
	Text	确定
GridView 控件	ID	GridView1
Label 控件	ID	Label_Message

(2) 引用命名空间。

```
using System.Configuration;
using System.Data;
using System.Data.SqlClient;
```

(3) 编写页面 Load 事件的方法代码。

```
protected void Page_Load(object sender, EventArgs e)
{
    if (!IsPostBack)
    {
        string constr = ConfigurationManager.ConnectionStrings
        ["rsqlConnectionString"].ToString();
        SqlConnection conn = new SqlConnection(constr);
        conn.Open();
        string sqlstr = "select * from bmb order by bmmc";
        SqlCommand comm = new SqlCommand(sqlstr, conn);
        SqlDataReader dr = comm.ExecuteReader();
        while (dr.Read())
        {
            ListItem aListItem = new ListItem();
            aListItem.Text = dr["bmmc"].ToString();
            aListItem.Value = dr["bmbh"].ToString();
            DropDownList1.Items.Add(aListItem);
        }
        dr.Close();
        conn.Close();
    }
}
```

【说明】在此,通过遍历代表所有部门的 DataReader 实例 dr,逐一将各个部门作为一个选项添加到部门下拉列表控件 DropDownList1 中。

(4) 编写"部门"下拉列表框控件 DropDownList1 的 SelectedIndexChanged 事件的方法代码。

```
protected void DropDownList1_SelectedIndexChanged(object sender, EventArgs e)
{
    Label_Message.Text = "";
```

```
            GridView1.DataSource = null;
            GridView1.DataBind();
        }
```

(5) 编写"确定"按钮控件 Button1 的 Click(单击)事件的方法代码。

```
protected void Button1_Click(object sender, EventArgs e)
{
    string constr = ConfigurationManager.ConnectionStrings
    ["rsqlConnectionString"].ToString();
    SqlConnection conn = new SqlConnection(constr);
    conn.Open();
    string sqlstr = "select bh as 编号,xm as 姓名,xb as 性别,csrq as 出生
                    日期,jbgz as 基本工资,gwjt as 岗位津贴 from zgb where
                    bm='" + DropDownList1.SelectedValue + "' order by bh ";
    SqlCommand comm = new SqlCommand(sqlstr, conn);
    SqlDataReader dr = comm.ExecuteReader();
    if (!dr.HasRows)
    {
        Label_Message.Text = "该部门目前尚无职工!";
    }
    GridView1.DataSource = dr;
    GridView1.DataBind();
    dr.Close();
    conn.Close();
}
```

【说明】将DataReader实例作为GridView控件的数据源(DataSource)，再调用GridView控件的数据绑定方法DataBind()，即可通过GridView控件显示出DataReader实例所对应的结果集中的有关记录。在此，DataReader实例为dr，代表相应的职工查询结果。

6.2.4 DataAdapter 对象

DataAdapter 对象又称为数据适配器(对象)，是 DataSet 对象与数据库(或数据源)之间的桥梁，可用于检索与更新数据。

在 DataAdapter 对象中，包含有 4 个 Command 子对象，即 SelectCommand、UpdateCommand、InsertCommand 与 DeleteCommand，可分别用于实现相应的检索、修改、插入与删除操作。

DataAdapter 对象的常用方法为 Fill()与 Update()。通过调用 Fill()方法，可将数据库(或数据源)中的有关数据填充至数据集中的某个数据表中；通过调用 Update()方法，可将数据集中有关数据表的数据更新至数据库(或数据源)中。

6.2.5 DataSet 对象

DataSet(数据集)对象是数据库(或数据源)中的数据在内存中的映像(或表示形式)，相当于内存中的数据库。借助于 DataSet，可实现断开式的数据访问机制，并提供一致的关系编程模式。

第 6 章　ADO.NET 数据库访问技术

DataSet 对象的常用集合为 Tables，用于表示数据集中所包含的所有的数据表。为引用数据集中的某个数据表，可使用以下方式之一：

```
DataSetName.Tables["TableName"]
DataSetName.Tables["TableIndex"]
```

其中，DataSetName 为数据集的名称，TableName 为数据表的名称，TableIndex 为数据表的索引(从 0 开始)。

【实例 6-7】DataAdapter 与 DataSet 对象应用实例：按部门查询职工的信息(如图 6-12 所示)。

设计步骤：

(1) 在网站 WebSite06 中添加一个新的 ASP.NET 页面 SelectExample2.aspx，并添加相应的控件(如图 6-13 所示)。各有关控件及其主要属性设置如表 6-10 所示。

图 6-12　职工查询

图 6-13　页面设计

表 6-10　有关控件及其主要属性设置

控　件	属 性 名	属 性 值
DropDownList 控件（"部门"下拉列表框）	ID	DropDownList1
	AutoPostBack	True
Button 控件（"确定"按钮）	ID	Button1
	Text	确定
GridView 控件	ID	GridView1
Label 控件	ID	Label_Message

(2) 引用命名空间。

```
using System.Configuration;
using System.Data;
using System.Data.SqlClient;
```

(3) 编写页面 Load 事件的方法代码(与实例 6-6 相同)。

(4) 编写"部门"下拉列表框控件 DropDownList1 的 SelectedIndexChanged 事件的方法代码(与实例 6-6 相同)。

(5) 编写"确定"按钮控件 Button1 的 Click(单击)事件的方法代码。

```
protected void Button1_Click(object sender, EventArgs e)
{
    string constr = ConfigurationManager.ConnectionStrings
["rsqlConnectionString"].ToString();
    SqlConnection conn = new SqlConnection(constr);
    //conn.Open();
    string sqlstr = "select bh as 编号,xm as 姓名,xb as 性别,csrq as 出生
                     日期,jbgz as 基本工资,gwjt as 岗位津贴 from zgb where
                     bm='" + DropDownList1.SelectedValue + "' order by bh ";
    SqlDataAdapter da = new SqlDataAdapter(sqlstr, conn);
    DataSet ds = new DataSet();
    da.Fill(ds, "zgb");
    if (ds.Tables["zgb"].Rows.Count == 0)
    {
        Label_Message.Text = "该部门目前尚无职工!";
    }
    GridView1.DataSource = ds.Tables["zgb"].DefaultView;
    GridView1.DataBind();
}
```

【说明】

(1) 在本实例中，"SqlDataAdapter da = new SqlDataAdapter(sqlstr, conn);" 语句可替换为以下语句序列：

```
SqlCommand comm = new SqlCommand(sqlstr, conn);
SqlDataAdapter da = new SqlDataAdapter();
da.SelectCommand = comm;
```

(2) 对于数据集中的某个数据表，可通过其 Rows 集合的 Count 属性判断表中是否包含有数据行(或记录)。

(3) 将数据集的某个数据表作为 GridView 控件的数据源，再调用 GridView 控件的数据绑定方法 DataBind()，即可通过 GridView 控件显示出数据表中的有关记录。

6.3 服务器端数据访问控件

为便于在程序中实现对数据库或数据源的访问，ASP.NET 提供了一系列的服务器端数据访问控件与数据源控件。其中，前者包括 GridView、FormView、ListView、DetailsView、Repeater、DataList 等，后者包括 SqlDataSource、AccessDataSource、XmlDataSource、LinqDataSource、ObjectDataSource、EntityDataSource 等。在此，仅对最为常用的 GridView 控件与 DataList 控件进行简要介绍。

6.3.1 GridView 控件

GridView 控件又称为数据网格控件，用于以表格的形式显示数据源中的数据，即每行表示一条记录，每列表示一个字段。该控件的功能十分强大，可绑定至各种数据源控件(如 SqlDataSource 等)，并支持分页、选择、编辑、删除、排序、超链接等功能。

GridView 控件的常用属性/集合、方法与事件分别如表 6-11～表 6-13 所示。

表 6-11 GridView 控件的常用属性/集合

属性/集合	说 明
AllowPaging	是否启用分页功能
AllowSorting	否启用排序功能
AutoGenerateColumns	是否为数据源中的每个字段自动创建绑定字段
DataKeyNames	主键字段名数组
DataKeys	主键字段值集合
DataSource	数据源
DataSourceID	数据源控件 ID
PageCount	显示数据源记录的总页数
PageIndex	当前显示页的索引
PageSize	每页所显示的记录数
SortDirection	排序列的排序方向
SortExpression	排序列所关联的排序表达式
Rows	数据行的集合
SelectedRow	选中行
SelectedIndex	选中行的索引
SelectedValue	选定行的主键字段值
EditIndex	要编辑的数据行的索引

表 6-12 GridView 控件的常用方法

方 法	说 明
DataBind	将数据源绑定到 GridView 控件
DeleteRow	从数据源中删除位于指定索引位置的记录
FindControl	搜索指定的服务器控件
IsBindableType	确定指定的数据类型是否能绑定到 GridView 控件中的列
Sort	根据指定的排序表达式与方向对 GridView 控件进行排序
UpdateRow	使用数据行更新位于指定索引位置的记录

表 6-13 GridView 控件的常用事件

事 件	说 明
DataBinding	在计算 GridView 控件的数据绑定表达式时触发
DataBound	在 GridView 控件被数据绑定后触发
PageIndexChanging	在 GridView 控件的当前页索引正在更改时触发
PageIndexChanged	在 GridView 控件的当前页索引已更改时触发

续表

事件	说明
RowCancelingEdit	当 GridView 控件内生成 Cancel 事件时触发。通常，在编辑模式中单击某一行的"取消"按钮后，在该行退出编辑模式前会触发该事件
RowCommand	当 GridView 控件内生成事件时触发。通常，在单击 GridView 控件中的按钮时会触发该事件
RowCreated	在 GridView 控件中创建行时触发
RowDataBound	在 GridView 控件中对行进行了数据绑定后触发
RowDeleting	GridView 控件对数据源执行 Delete 命令前触发。通常，在单击某一行的"删除"按钮后，在 GridView 控件删除该行前会触发该事件
RowDeleted	GridView 控件对数据源执行 Delete 命令后触发
RowEditing	当 GridView 控件内生成 Edit 事件时触发。通常，在单击某一行的"编辑"按钮后，GridView 控件进入编辑模式前会触发该事件
RowUpdating	GridView 控件对数据源执行 Update 命令前触发。通常，在单击某一行的"更新"按钮后，GridView 控件对该行进行更新前会触发该事件
RowUpdated	GridView 控件对数据源执行 Update 命令后触发
SelectedIndexChanging	在 GridView 控件中选择新行时、在选择新行前触发。通常，在单击某一行的"选择"按钮后，GridView 控件对该行进行选择前会触发该事件
SelectedIndexChanged	在 GridView 控件中选择新行时、在选择新行后触发
Sorting	在 GridView 控件中排序列时、在排序发生前触发。通常，在单击用于列排序的列标题(超链接)时，在 GridView 控件对相应的排序操作进行处理前会触发该事件
Sorted	在 GridView 控件中排序列时、在排序完成后触发

使用 GridView 控件与数据源控件，无需编写任何代码，即可实现对数据库的有关操作。此外，通过编写相应的代码，也可使用 GridView 控件实现各项有关功能。

【实例 6-8】GridView 控件与数据源控件应用实例：通过非编程方式实现职工管理功能，包括职工记录的分页浏览、选择、修改、删除与排序(如图 6-14 所示)。

图 6-14 职工管理

设计步骤：

(1) 在网站 WebSite06 中添加一个新的 ASP.NET 页面 GridViewDataSourceExample.aspx，并在其中添加 1 个 GridView 控件 GridView1、1 个 SqlDataSource 控件 SqlDataSource1(如

第 6 章　ADO.NET 数据库访问技术

图 6-15 所示)。

(2) 配置数据源。

① 打开控件 SqlDataSource1 的 SqlDataSource 任务栏(如图 6-16 所示)，并单击其中的"配置数据源"链接，打开"配置数据源"对话框(如图 6-17 所示)。

图 6-15　页面设计

图 6-16　SqlDataSource 任务栏

图 6-17　"配置数据源"对话框

② 单击"新建连接"按钮，打开"添加连接"对话框(如图 6-18 所示)，设置好 SQL Server 服务器的名称与身份验证模式，选定要连接的数据库(在此为 rsgl)，然后单击"确定"按钮，返回如图 6-19(a)所示"配置数据源"对话框，再单击"下一步"按钮打开如图 6-19(b)所示"配置数据源"对话框，并在其中选中"是，将此连接另存为"复选框。

③ 单击"下一步"按钮，在随之打开的"配置数据源"对话框(如图 6-20 所示)中选定相应的表及字段(在此为 zgb 及表示所有字段的*)，同时单击"高级"按钮，并在随之打开的"高级 SQL 生成选项"对话框(如图 6-21 所示)中选中"生成 INSERT、UPDATE 和 DELETE 语句"复选框。

④ 单击"确定"按钮，在随之打开的"配置数据源"对话框(如图 6-22 所示)中单击"测试查询"按钮预览查询结果，若无问题，则可单击"完成"按钮结束数据源的配置过程。

图 6-18　"添加连接"对话框

ASP.NET 应用开发实例教程

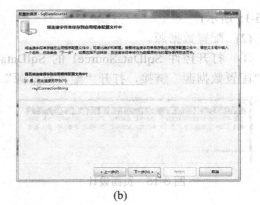

(a)   (b)

图 6-19 "配置数据源"对话框

图 6-20 "配置数据源"对话框　　　图 6-21 "高级 SQL 生成选项"对话框

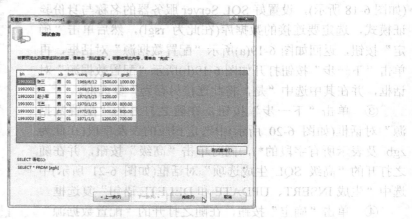

图 6-22 "配置数据源"对话框

(3) 设置 GridView 控件。

① 打开控件 GridView1 的 GridView 任务栏(如图 6-23 所示),选用某种预定义格式后,再选定数据源 SqlDataSource1,同时选中"启用分页""启用排序""启用编辑"

"启用删除"与"启用选定内容"复选框,然后单击"编辑列"链接,打开"字段"对话框(如图 6-24 所示)。

图 6-23　GridView 任务栏

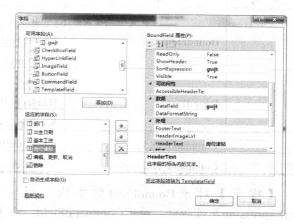

图 6-24　"字段"对话框

② 取消对"自动生成字段"复选框的选中状态,然后依次添加相应类别的字段(在此为 BoundField 与 CommandField),并设置好各个字段的有关属性与先后次序(如表 6-14 所示),最后再单击"确定"按钮关闭"字段"对话框。

表 6-14　有关字段及其主要属性设置

序　号	类　别	属　性　名	属　性　值
1	CommandField	ShowSelectButton	True
2	BoundField	DataField	bh
		HeaderText	编号
		SortExpression	bh
		ReadOnly	True
3	BoundField	DataField	xm
		HeaderText	姓名
		SortExpression	xm
4	BoundField	DataField	bm
		HeaderText	部门
		SortExpression	bm
5	BoundField	DataField	xb
		HeaderText	性别
		SortExpression	xb
6	BoundField	DataField	csrq
		HeaderText	出生日期
		SortExpression	csrq

续表

序号	类别	属性名	属性值
7	BoundField	DataField	jbgz
		HeaderText	基本工资
		SortExpression	jbgz
8	BoundField	DataField	gwjt
		HeaderText	岗位津贴
		SortExpression	gwjt
9	CommandField	ShowEditButton	True
10	CommandField	ShowDeleteButton	True

【提示】 对于BoundField型字段，通常只需设置其DataField、HeaderText与SortExpression属性即可。对于CommandField，通常只需设定应显示何种按钮即可。

③ 在"属性"子窗口中设置控件GridView1的DataKeyNames属性与PageSize属性，以指定构成主键的字段(在此为bh)与每页显示的记录个数(在此为2)。

【实例 6-9】 GridView 控件应用实例：以编程方式实现职工管理功能，包括职工记录的分页浏览、选择、修改、删除、排序与详情查看(如图 6-25 所示)。

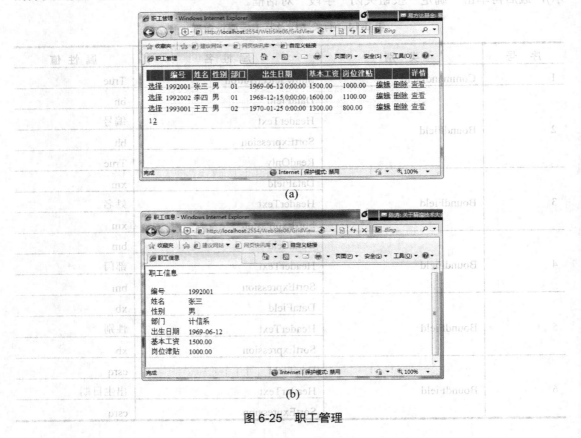

图 6-25 职工管理

设计步骤：
1) 页面 GridViewExample.aspx 的设计

(1) 在网站 WebSite06 中添加一个新的 ASP.NET 页面 GridViewExample.aspx，并在其中添加 1 个 GridView 控件 GridView1(如图 6-26 所示)。

图 6-26　页面设计

(2) 在"属性"子窗口中将控件 GridView1 的 AllowPaging、AllowSorting 属性设置为 True(即启用分页、排序功能)，然后打开该控件的 GridView 任务栏，选用某种预定义格式后，再单击"编辑列"链接，打开"字段"对话框(如图 6-27 所示)。

图 6-27　"字段"对话框

(3) 取消对"自动生成字段"复选框的选中状态，然后依次添加相应类别的字段(在此为 BoundField、CommandField 与 HyperLinkField)，并设置好各个字段的有关属性与先后次序(如表 6-15 所示)，最后再单击"确定"按钮关闭"字段"对话框。

表 6-15　有关字段及其主要属性设置

序号	类 别	属 性 名	属 性 值
1	CommandField	ShowSelectButton	True
2	BoundField	DataField	bh
		HeaderText	编号
		SortExpression	bh
		ReadOnly	True
3	BoundField	DataField	xm
		HeaderText	姓名
		SortExpression	xm

续表

序号	类别	属性名	属性值
4	BoundField	DataField	bm
		HeaderText	部门
		SortExpression	bm
5	BoundField	DataField	xb
		HeaderText	性别
		SortExpression	xb
6	BoundField	DataField	csrq
		HeaderText	出生日期
		SortExpression	csrq
7	BoundField	DataField	jbgz
		HeaderText	基本工资
		SortExpression	jbgz
8	BoundField	DataField	gwjt
		HeaderText	岗位津贴
		SortExpression	gwjt
9	CommandField	ShowEditButton	True
10	CommandField	ShowDeleteButton	True
11	HyperLinkField	DataNavigateUrlFields	bh
		DataNavigateUrlFormatString	GridViewXqExample.aspx?bh={0}
		HeaderText	详情
		Text	查看

【提示】对于 HyperLinkField 型字段，通常只需设置其 HeaderText、Text、DataNavigateUrlFields 与 DataNavigateUrlFormatString 属性即可。

(4) 在"属性"子窗口中设置控件GridView1的DataKeyNames属性与PageSize属性，以指定构成主键的字段(在此为bh)与每页显示的记录个数(在此为3)。

(5) 引用命名空间。

```
using System.Configuration;
using System.Data;
using System.Data.SqlClient;
```

(6) 声明页面级变量。

```
string SortField;
```

(7) 编写自定义方法Bind的代码。

```
public void Bind()
{
    string constr = ConfigurationManager.ConnectionStrings
    ["rsglConnectionString"].ToString();
    SqlConnection conn = new SqlConnection(constr);
```

```
        string sqlstr = "select * from zgb";
        SqlDataAdapter da = new SqlDataAdapter(sqlstr, conn);
        DataSet ds = new DataSet();
        da.Fill(ds, "zgb");
        GridView1.DataSource = ds.Tables["zgb"].DefaultView;
        ds.Tables["zgb"].DefaultView.Sort = SortField;
        GridView1.DataBind();
}
```

(8) 编写页面 Load 事件的方法代码。

```
protected void Page_Load(object sender, EventArgs e)
{
    if (!IsPostBack)
    {
        SortField = "bh";
        Bind();
    }
}
```

(9) 编写控件 GridView1 的 RowEditing 事件的方法代码。

```
protected void GridView1_RowEditing(object sender, GridViewEditEventArgs e)
{
    GridView1.EditIndex = e.NewEditIndex;
    Bind();
}
```

(10) 编写控件 GridView1 的 RowCancelingEdit 事件的方法代码。

```
protected void GridView1_RowCancelingEdit(object sender,
                                          GridViewCancelEditEventArgs e)
{
    GridView1.EditIndex = -1;
    Bind();
}
```

(11) 编写控件 GridView1 的 RowUpdating 事件的方法代码。

```
protected void GridView1_RowUpdating(object sender, GridViewUpdateEventArgs e)
{
    string constr = ConfigurationManager.ConnectionStrings
        ["rsqlConnectionString"].ToString();
    SqlConnection conn = new SqlConnection(constr);
    conn.Open();
    string xm = ((TextBox)(GridView1.Rows[e.RowIndex].Cells[2].
        Controls[0])).Text.Trim();
    string xb = ((TextBox)(GridView1.Rows[e.RowIndex].Cells[3].
        Controls[0])).Text.Trim();
    string bm = ((TextBox)(GridView1.Rows[e.RowIndex].Cells[4].
        Controls[0])).Text.Trim();
```

```
        string csrq = ((TextBox)(GridView1.Rows[e.RowIndex].Cells[5].
            Controls[0])).Text.Trim();
        string jbgz = ((TextBox)(GridView1.Rows[e.RowIndex].Cells[6].
            Controls[0])).Text.Trim();
        string gwjt = ((TextBox)(GridView1.Rows[e.RowIndex].Cells[7].
            Controls[0])).Text.Trim();
        string sqlstr = "update zgb set xm='"+xm+"',xb='"+xb+"',
            bm='"+bm+"',csrq='"+csrq+"',jbgz="+jbgz+",gwjt="+gwjt+" where
            bh='"+GridView1.DataKeys[e.RowIndex].Value +"'";
        SqlCommand comm = new SqlCommand(sqlstr, conn);
        comm.ExecuteNonQuery();
        conn.Close();
        GridView1.EditIndex = -1;
        Bind();
}
```

(12) 编写控件 GridView1 的 RowDeleting 事件的方法代码。

```
    protected void GridView1_RowDeleting(object sender,
GridViewDeleteEventArgs e)
    {
        string constr = ConfigurationManager.ConnectionStrings
            ["rsqlConnectionString"].ToString();
        SqlConnection conn = new SqlConnection(constr);
        conn.Open();
        string sqlstr = "delete from zgb where bh='" + GridView1.DataKeys
            [e.RowIndex].Value + "'";
        SqlCommand comm = new SqlCommand(sqlstr, conn);
        comm.ExecuteNonQuery();
        conn.Close();
        GridView1.EditIndex = -1;
        Bind();
    }
```

(13) 编写控件 GridView1 的 PageIndexChanging 事件的方法代码。

```
    protected void GridView1_PageIndexChanging(object sender,
        GridViewPageEventArgs e)
    {
        GridView1.PageIndex = e.NewPageIndex;
        Bind();
    }
```

(14) 编写控件 GridView1 的 Sorting 事件的方法代码。

```
    protected void GridView1_Sorting(object sender, GridViewSortEventArgs e)
    {
        SortField = e.SortExpression;
        Bind();
    }
```

2) 页面 GridViewXqExample.aspx 的设计

(1) 在网站 WebSite06 中添加一个新的 ASP.NET 页面 GridViewXqExample.aspx，并在其中添加相应的控件(如图 6-28 所示)，包括 Label 控件 lbl_bh、lbl_xm、lbl_xb、lbl_bm、lbl_csrq、lbl_jbgz 与 lbl_gwjt。

图 6-28　页面设计

(2) 引用命名空间。

```
using System.Configuration;
using System.Data;
using System.Data.SqlClient;
```

(3) 编写页面 Load 事件的方法代码。

```
protected void Page_Load(object sender, EventArgs e)
{
    string constr = ConfigurationManager.ConnectionStrings
        ["rsglConnectionString"].ToString();
    SqlConnection conn = new SqlConnection(constr);
    conn.Open();
    string bh=Request.QueryString["bh"];
    string sqlstr = "select bh,xm,xb,bmmc,csrq,jbgz,gwjt from zgb,bmb
        where zgb.bm=bmb.bmbh and bh='"+bh+"'";
    SqlCommand comm = new SqlCommand(sqlstr, conn);
    SqlDataReader dr = comm.ExecuteReader();
    dr.Read();
    lbl_bh.Text = dr["bh"].ToString();
    lbl_xm.Text = dr["xm"].ToString();
    lbl_xb.Text = dr["xb"].ToString();
    lbl_bm.Text = dr["bmmc"].ToString();
    lbl_csrq.Text = Convert.ToDateTime(dr["csrq"]).ToShortDateString();
    lbl_jbgz.Text = dr["jbgz"].ToString();
    lbl_gwjt.Text = dr["gwjt"].ToString();
    dr.Close();
    conn.Close();
}
```

6.3.2　DataList 控件

DataList 控件又称为数据列表控件，可以使用自定义的模板与样式来显示数据，并进行数据的选择、删除与编辑操作。由于该控件必须通过模板来定义数据的显示格式，因此在显示数据时更具灵活性，从而给开发人员提供了更大的发挥空间。

DataList 控件所支持的模板如表 6-16 所示，其常用属性/集合、方法与事件分别如表 6-17～表 6-19 所示。

表 6-16　DataList 控件所支持的模板

模　　板	说　　明
ItemTemplate	项模板
EditItemTemplate	编辑项模板

续表

模 板	说 明
AlternatingItemTemplate	交替项模板
SelectedItemTemplate	选中项模板
HeaderTemplate	页眉模板
FooterTemplate	页脚模板
SeparatorTemplate	分隔符模板

表 6-17 DataList 控件的常用属性/集合

属性/集合	说 明
DataKeyField	主键字段
DataKeys	主键字段值集合
DataMember	数据成员(针对包含有多个数据成员的数据源，如包含有多个表或视图的 DataSet)
DataSource	数据源
DataSourceID	数据源控件 ID
RepeatColumns	显示的列数
SelectedItem	选定列表项
SelectedIndex	选定列表项的索引
SelectedValue	选定列表项的主键字段值
EditItemIndex	要编辑的列表项的索引
ShowFooter	是否显示脚注部分
ShowHeader	是否显示页眉部分

表 6-18 DataList 控件的常用方法

方 法	说 明
DataBind	将数据源绑定到 DataList 控件
FindControl	搜索指定的服务器控件

表 6-19 DataList 控件的常用事件

事 件	说 明
DataBinding	在计算 DataList 控件的数据绑定表达式时触发
CancelCommand	在 DataList 控件中生成 Cancel CommandEvent 时触发
DeleteCommand	在 DataList 控件中生成 Delete CommandEvent 时触发
EditCommand	在 DataList 控件中生成 Edit CommandEvent 时触发
UpdateCommand	在 DataList 控件中生成 Update CommandEvent 时触发
ItemCommand	在 DataList 控件中生成 CommandEvent 时触发
ItemCreated	在 DataList 控件中创建项时触发
ItemDataBound	在 DataList 控件中对项进行了数据绑定后触发
SelectedIndexChanged	在 DataList 控件中更改当前选择时触发

第 6 章　ADO.NET 数据库访问技术

与 GridView 控件不同，DataList 控件没有与分页相关的属性，因此其自身并无自动分页的功能。不过，借助于 PagedDataSource 类，可利用 DataList 控件实现分页显示的效果。实际上，PagedDataSource 类封装了与数据绑定控件(如 DataList、GridView 等)分页相关的属性，从而允许该控件执行分页操作。

【实例 6-10】DataList 控件应用实例：以分页方式显示职工记录(如图 6-29 所示)。

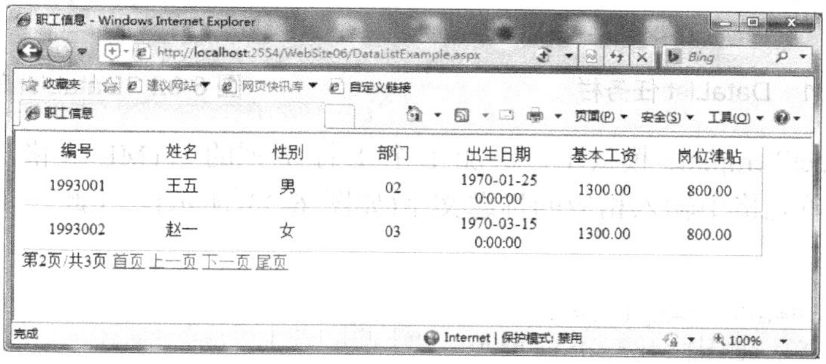

图 6-29　职工信息

设计步骤：

(1) 在网站 WebSite06 中添加一个新的 ASP.NET 页面 DataListExample.aspx，并在其中添加相应的控件与文字(如图 6-30 所示)。其中，控件包括 1 个 DataList 控件、2 个 Label 控件与 4 个 LinkButton 控件。各有关控件及其主要属性设置如表 6-20 所示。

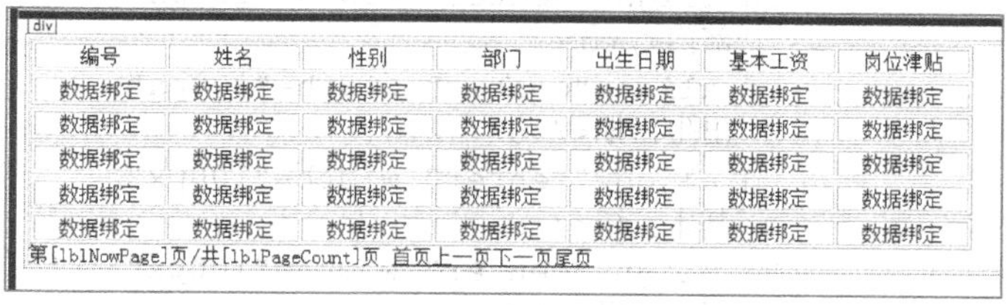

图 6-30　页面设计

表 6-20　有关控件及其主要属性设置

控　件	属　性　名	属　性　值
DataList 控件	ID	DataList1
Label 控件	ID	lblNowPage
Label 控件	ID	lblPageCount
LinkButton 控件	ID	lnkbtnFirst
	Text	首页
LinkButton 控件	ID	lnkbtnPrev
	Text	上一页
LinkButton 控件	ID	lnkbtnNext
	Text	下一页
LinkButton 控件	ID	lnkbtnLast
	Text	尾页

(2) 设置 DataList 控件。

① 打开控件 DataList1 的 DataList 任务栏(如图 6-31 所示),单击"编辑模板"链接,然后在"显示"下拉列表框中选中 HeaderTemplate 模板(如图 6-32 所示)。

图 6-31　DataList 任务栏

图 6-32　DataList 任务栏

② 在 HeaderTemplate 模板中,添加 1 个 1 行 7 列的 HTML 表格,并设置好其有关属性,同时在各单元格中输入相应的标题文字(如图 6-33 所示)。在此,HeaderTemplate 模板的代码如下:

```
<HeaderTemplate>
    <table border="1">
        <tr>
            <td align="center" width="100px">
                编号</td>
            <td align="center" width="100px">
                姓名</td>
            <td align="center" width="100px">
                性别</td>
            <td align="center" width="100px">
                部门</td>
            <td align="center" width="100px">
                出生日期</td>
            <td align="center" width="100px">
                基本工资</td>
            <td align="center" width="100px">
                岗位津贴</td>
        </tr>
    </table>
</HeaderTemplate>
```

图 6-33　HeaderTemplate 模板设计

③ 在 DataList 任务栏"显示"下拉列表框中选中 ItemTemplate 模板(如图 6-34 所示)。

④ 在ItemTemplate模板中,添加1个1行7列的HTML表格,并设置好其有关属性,同时在各单元格中添加相应的标签控件(如图6-35所示),然后设置好各标签控件的有关属性(如表6-21所示)。在此,HeaderTemplate模板的代码如下:

第6章 ADO.NET 数据库访问技术

```
            <ItemTemplate>
                <table border="1">
                    <tr>
                        <td align="center" width="100px">
                            <asp:Label ID="lblBh" runat="server" Text='<%#
                            Eval("bh") %>'></asp:Label></td>
                        <td align="center" width="100px">
                            <asp:Label ID="lblXm" runat="server" Text='<%#
                            Eval("xm") %>'></asp:Label></td>
                        <td align="center" width="100px">
                            <asp:Label ID="lblXb" runat="server" Text='<%#
                            Eval("xb") %>'></asp:Label></td>
                        <td align="center" width="100px">
                            <asp:Label ID="lblBm" runat="server" Text='<%#
                            Eval("bm") %>'></asp:Label></td>
                        <td align="center" width="100px">
                            <asp:Label ID="lblCsrq" runat="server" Text='<%#
                            Eval("csrq") %>'></asp:Label></td>
                        <td align="center" width="100px">
                            <asp:Label ID="lblJbgz" runat="server" Text='<%#
                            Eval("jbgz") %>'></asp:Label></td>
                        <td align="center" width="100px">
                            <asp:Label ID="lblGwjt" runat="server" Text='<%#
                            Eval("gwjt") %>'></asp:Label></td>
                    </tr>
                </table>
            </ItemTemplate>
```

图 6-34　DataList 任务栏

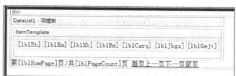

图 6-35　ItemTemplate 模板设计

表 6-21　标签控件及其主要属性设置

控　件	属　性　名	属　性　值
Label 控件	ID	lblBh
	Text	<%# Eval("bh") %>
Label 控件	ID	lblXm
	Text	<%# Eval("xm") %>
Label 控件	ID	lblXb
	Text	<%# Eval("xb") %>'
Label 控件	ID	lblBm
	Text	<%# Eval("bm") %>

续表

控件	属性名	属性值
Label 控件	ID	lblCsrq
	Text	<%# Eval("csrq") %>
Label 控件	ID	lblJbgz
	Text	<%# Eval("jbgz") %>
Label 控件	ID	lblGwjt
	Text	<%# Eval("gwjt") %>

【说明】在此，通过编写代码表达式将数据源中的列(或字段)分别绑定至相应 Label 控件的 Text 属性来实现数据的显示。

⑤ 在DataList任务栏中单击"结束模板编辑"链接，退出模板编辑状态。

【说明】与 GridView 控件一样，对于 DataList 控件，也可通过其任务栏选用某种预定义格式，以使其更加美观与专业。

(3) 引用命名空间。

```
using System.Configuration;
using System.Data;
using System.Data.SqlClient;
```

(4) 自定义一个Bind()方法。

```
public void Bind()
{
    int CurrentPage = Convert.ToInt32(lblNowPage.Text);
    PagedDataSource ps = new PagedDataSource();
    string constr = ConfigurationManager.ConnectionStrings
        ["rsglConnectionString"].ToString();
    SqlConnection conn = new SqlConnection(constr);
    string sqlstr = "select * from zgb";
    SqlDataAdapter da = new SqlDataAdapter(sqlstr, conn);
    DataSet ds = new DataSet();
    da.Fill(ds, "zgb");
    ps.DataSource = ds.Tables["zgb"].DefaultView;
    ps.AllowPaging = true;
    ps.PageSize = 2;
    ps.CurrentPageIndex = CurrentPage - 1;
    lnkbtnFirst.Enabled = true;
    lnkbtnPrev.Enabled = true;
    lnkbtnNext.Enabled = true;
    lnkbtnLast.Enabled = true;
    if (CurrentPage == 1)
    {
        lnkbtnFirst.Enabled = false;
        lnkbtnPrev.Enabled = false;
```

```
        }
        if (CurrentPage == ps.PageCount)
        {
            lnkbtnNext.Enabled = false;
            lnkbtnLast.Enabled = false;
        }
        lblPageCount.Text = Convert.ToString(ps.PageCount);
        DataList1.DataSource = ps;
        DataList1.DataKeyField = "bh";
        DataList1.DataBind();
    }
```

(5) 编写页面 Load 事件的方法代码。

```
    protected void Page_Load(object sender, EventArgs e)
    {
        if (!IsPostBack)
        {
            lblNowPage.Text = "1";
            Bind();
        }
    }
```

(6) 编写"首页"链接按钮控件 lnkbtnFirst 的 Click 事件的方法代码。

```
    protected void lnkbtnFirst_Click(object sender, EventArgs e)
    {
        lblNowPage.Text = "1";
        Bind();
    }
```

(7) 编写"上一页"链接按钮控件 lnkbtnPrev 的 Click 事件的方法代码。

```
    protected void lnkbtnPrev_Click(object sender, EventArgs e)
    {
        lblNowPage.Text = Convert.ToString(Convert.ToUInt32 (lblNowPage.Text) - 1);
        Bind();
    }
```

(8) 编写"下一页"链接按钮控件 lnkbtnNext 的 Click 事件的方法代码。

```
    protected void lnkbtnNext_Click(object sender, EventArgs e)
    {
        lblNowPage.Text = Convert.ToString(Convert.ToUInt32(lblNowPage.Text) + 1);
        Bind();
    }
```

(9) 编写"尾页"链接按钮控件 lnkbtnLast 的 Click 事件的方法代码。

```
    protected void lnkbtnLast_Click(object sender, EventArgs e)
    {
        lblNowPage.Text = lblPageCount.Text;
```

```
            Bind();
        }
```

6.4 DataSet 典型应用实例

由于 DataSet 屏蔽掉了各种数据源之间的差异，因此可提供一种一致的关系编程模型。除此以外，DataSet 也可提供一种断开式的数据访问机制。首先，在操作数据之前，先通过一次连接将所需要的数据从数据源中填充至数据集中。此后，在操作数据的过程中，只需在数据集之中直接进行即可，而无需保持与数据源的连接。当完成了对所有数据的变动操作之后，再通过一次连接将数据集中变动过的数据一次性更新到数据源中。由于这种访问方式无需时刻保持与数据源的连接，因此可极大地降低系统资源的消耗量，十分适合分布式应用程序的开发。下面，通过实例对 DataSet 的典型应用模式进行简要介绍。

【实例 6-11】DataSet 对象应用实例：按编号或名称查询部门(如图 6-36 所示)。

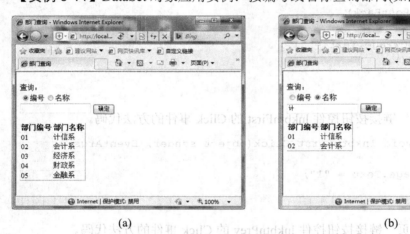

图 6-36 部门查询

设计步骤：

(1) 在网站 WebSite06 中添加一个新的 ASP.NET 页面 DataSet_Select.aspx，并在其中添加相应的控件(如图 6-37 所示)。各有关控件及其主要属性设置如表 6-22 所示。

图 6-37 页面设计

第 6 章 ADO.NET 数据库访问技术

表 6-22 有关控件及其主要属性设置

控 件	属 性 名	属 性 值
RadioButtonList 控件	ID	RadioButtonList1
	RepeatDirection	Horizontal
	Items	通过 ListItem 集合编辑器添加"编号"与"名称"两个选项(如图 6-38 所示)。其中,前者的 Text、Value、Selected 属性分别为"编号"、bmbh、True,后者的 Text、Value、Selected 属性分别为"名称"、bmmc、False
TextBox 控件	ID	TextBox1
Button 控件	ID	Button1
	Text	确定
GridView 控件	ID	GridView1
	AutoGenerateColumns	False
	Columns	通过"字段"对话框添加两个 BoundField,即部门编号与部门名称(如图 6-39 所示)。其中,前者的 HeaderText、DataField 属性为"部门编号"、bmbh,后者的 HeaderText、DataField 属性为"部门名称"、bmmc

图 6-38 ListItem 集合编辑器   图 6-39 "字段"对话框

(2) 引用命名空间。

```
using System.Configuration;
using System.Data;
using System.Data.SqlClient;
```

(3) 编写页面 Load 事件的方法代码。

```
protected void Page_Load(object sender, EventArgs e)
{
```

```
            string constr = ConfigurationManager.ConnectionStrings
                ["rsqlConnectionString"].ToString();
            SqlConnection conn = new SqlConnection(constr);
            string sqlstr = "select * from bmb";
            SqlDataAdapter da = new SqlDataAdapter(sqlstr, conn);
            DataSet ds = new DataSet();
            da.Fill(ds, "bmb");
            GridView1.DataSource = ds.Tables["bmb"].DefaultView;
            GridView1.DataBind();
            conn.Close();
        }
```

(4) 编写控件 Button1("确定"按钮)的 Click(单击)事件的方法代码。

```
        protected void Button1_Click(object sender, EventArgs e)
        {
            string constr = ConfigurationManager.ConnectionStrings
                ["rsqlConnectionString"].ToString();
            SqlConnection conn = new SqlConnection(constr);
            string sqlstr = "select * from bmb";
            switch (RadioButtonList1.SelectedValue)
            {
                case "bmbh":
                    sqlstr = "select * from bmb where bmbh like '%" +
                        TextBox1.Text + "%'";
                    break;
                case "bmmc":
                    sqlstr = "select * from bmb where bmmc like '%" +
                        TextBox1.Text + "%'";
                    break;
            }
            SqlDataAdapter da = new SqlDataAdapter(sqlstr, conn);
            DataSet ds = new DataSet();
            da.Fill(ds);
            GridView1.DataSource = ds;
            GridView1.DataBind();
            conn.Close();
        }
```

【说明】使用 DataSet 实现查询功能的基本步骤如下。

(1) 创建连接对象，建立与数据库的连接。

(2) 构造查询语句。

(3) 创建数据适配器对象。

(4) 创建数据集对象。

(5) 填充数据集。

(6) 绑定数据源。

(7) 关闭连接对象，断开与数据库的连接。

【实例 6-12】DataSet 对象应用实例：增加部门记录(如图 6-40 所示)。

设计步骤：

(1) 在网站 WebSite06 中添加一个新的 ASP.NET 页面 DataSet_Insert.aspx，并在其中添加相应的控件(如图 6-41 所示)。各有关控件及其主要属性设置如表 6-23 所示。

第 6 章　ADO.NET 数据库访问技术

图 6-40　部门增加

图 6-41　页面设计

表 6-23　有关控件及其主要属性设置

控　件	属 性 名	属 性 值
GridView 控件	ID	GridView1
	AutoGenerateColumns	False
	Columns	通过"字段"对话框添加两个 BoundField，即部门编号与部门名称(与实例 6-11 相同)。
TextBox 控件	ID	TextBox1
TextBox 控件	ID	TextBox2
Button 控件	ID	Button1
	Text	确定

(2) 引用命名空间(与实例 6-11 相同)。
(3) 编写页面 Load 事件的方法代码(与实例 6-11 相同)。
(4) 编写控件 Button1("确定"按钮)的 Click(单击)事件的方法代码。

```
protected void Button1_Click(object sender, EventArgs e)
{
    string constr = ConfigurationManager.ConnectionStrings
        ["rsqlConnectionString"].ToString();
    SqlConnection conn = new SqlConnection(constr);
    string sqlstr = "select * from bmb";
    SqlDataAdapter da = new SqlDataAdapter(sqlstr, conn);
    SqlCommandBuilder scb = new SqlCommandBuilder(da);
    DataSet ds = new DataSet();
    da.Fill(ds);
    DataRow NewRow = ds.Tables[0].NewRow();
    NewRow["bmbh"] = TextBox1.Text;
    NewRow["bmmc"] = TextBox2.Text;
    ds.Tables[0].Rows.Add(NewRow);
    da.Update(ds);
    conn.Close();
    Response.Redirect("DataSet_Insert.aspx");
}
```

【说明】使用 DataSet 实现增加功能的基本步骤如下。
(1) 创建连接对象,建立与数据库的连接。
(2) 构造查询语句。
(3) 创建数据适配器对象。
(4) 创建命令构造器对象。
(5) 创建数据集对象。
(6) 填充数据集。
(7) 创建数据行对象。
(8) 设置列值(或字段值)。
(9) 添加数据行。
(10) 更新数据集。
(11) 关闭连接对象,断开与数据库的连接。

【实例 6-13】DataSet 对象应用实例:修改部门记录(如图 6-42 所示)。

设计步骤:

(1) 在网站 WebSite06 中添加一个新的 ASP.NET 页面 DataSet_Update.aspx,并在其中添加相应的控件(如图 6-43 所示)。各有关控件及其主要属性设置如表 6-24 所示。

图 6-42 部门修改

图 6-43 页面设计

表 6-24 有关控件及其主要属性设置

控件	属性名	属性值
GridView 控件	ID	GridView1
	AutoGenerateColumns	False
	Columns	通过"字段"对话框添加两个 BoundField,即部门编号与部门名称(与实例 6-11 相同)
DropDownList 控件	ID	DropDownList_bh
	AutoPostBack	True
TextBox 控件	ID	TextBox_mc
Button 控件	ID	Button1
	Text	确定

(2) 引用命名空间(与实例 6-11 相同)。
(3) 编写页面 Load 事件的方法代码。

```
protected void Page_Load(object sender, EventArgs e)
{
    string constr = ConfigurationManager.ConnectionStrings
        ["rsglConnectionString"].ToString();
    SqlConnection conn = new SqlConnection(constr);
    string sqlstr = "select * from bmb";
    SqlDataAdapter da = new SqlDataAdapter(sqlstr, conn);
    DataSet ds = new DataSet();
    da.Fill(ds);
    GridView1.DataSource = ds.Tables[0].DefaultView;
    GridView1.DataBind();
    if (!IsPostBack)
    {
        for (int i = 0; i < ds.Tables[0].Rows.Count; i++)
        {
            DropDownList_bh.Items.Add(ds.Tables[0].Rows[i][0].ToString());
        }
        TextBox_mc.Text = ds.Tables[0].Rows[0][1].ToString();
    }
    conn.Close();
}
```

(4) 编写控件 DropDownList_bh("部门编号"下拉列表框)的 SelectedIndexChanged 事件的方法代码。

```
protected void DropDownList_bh_SelectedIndexChanged(object sender,
    EventArgs e)
{
    string constr = ConfigurationManager.ConnectionStrings
        ["rsglConnectionString"].ToString();
    SqlConnection conn = new SqlConnection(constr);
    string sqlstr = "select * from bmb where bmbh='" +
        DropDownList_bh.SelectedValue + "'";
    SqlDataAdapter da = new SqlDataAdapter(sqlstr, conn);
    DataSet ds = new DataSet();
    da.Fill(ds);
    TextBox_mc.Text = ds.Tables[0].Rows[0][1].ToString();
}
```

(5) 编写控件 Button1("确定"按钮)的 Click(单击)事件的方法代码。

```
protected void Button1_Click(object sender, EventArgs e)
{
    string constr = ConfigurationManager.ConnectionStrings
        ["rsglConnectionString"].ToString();
    SqlConnection conn = new SqlConnection(constr);
    string sqlstr = "select * from bmb where bmbh='" +
        DropDownList_bh.SelectedValue + "'";
```

ASP.NET 应用开发实例教程

```
        SqlDataAdapter da = new SqlDataAdapter(sqlstr, conn);
        SqlCommandBuilder scb = new SqlCommandBuilder(da);
        DataSet ds = new DataSet();
        da.Fill(ds);
        DataRow MyRow = ds.Tables[0].Rows[0];
        MyRow["bmmc"] = TextBox_mc.Text;
        da.Update(ds);
        conn.Close();
        Response.Redirect("DataSet_Update.aspx");
    }
```

【说明】使用 DataSet 实现修改功能的基本步骤如下。

(1) 创建连接对象,建立与数据库的连接。
(2) 构造查询语句。
(3) 创建数据适配器对象。
(4) 创建命令构造器对象。
(5) 创建数据集对象。
(6) 填充数据集。
(7) 获取数据行。
(8) 修改列值(或字段值)。
(9) 更新数据集。
(10) 关闭连接对象,断开与数据库的连接。

【实例 6-14】DataSet 对象应用实例:删除部门记录(如图 6-44 所示)。

设计步骤:

(1) 在网站 WebSite06 中添加一个新的 ASP.NET 页面 DataSet_Delete.aspx,并在其中添加相应的控件(如图 6-45 所示)。各有关控件及其主要属性设置如表 6-25 所示。

图 6-44 部门删除

图 6-45 页面设计

第 6 章　ADO.NET 数据库访问技术

表 6-25　有关控件及其主要属性设置

控　件	属 性 名	属 性 值
GridView 控件	ID	GridView1
	AutoGenerateColumns	False
	Columns	通过"字段"对话框添加两个 BoundField，即部门编号与部门名称(与实例 6-11 相同)
DropDownList 控件	ID	DropDownList_bh
	AutoPostBack	True
TextBox 控件	ID	TextBox_mc
Button 控件	ID	Button1
	Text	确定

(2) 引用命名空间(与实例 6-11 或实例 6-13 相同)。

(3) 编写页面 Load 事件的方法代码(与实例 6-13 相同)。

(4) 编写控件 DropDownList_bh("部门编号"下拉列表框)的 SelectedIndexChanged 事件的方法代码(与实例 6-13 相同)。

(5) 编写控件 Button1("确定"按钮)的 Click(单击)事件的方法代码。

```
protected void Button1_Click(object sender, EventArgs e)
{
    string constr = ConfigurationManager.ConnectionStrings
        ["rsglConnectionString"].ToString();
    SqlConnection conn = new SqlConnection(constr);
    string sqlstr = "select * from bmb where bmbh='" +
        DropDownList_bh.SelectedValue + "'";
    SqlDataAdapter da = new SqlDataAdapter(sqlstr, conn);
    SqlCommandBuilder scb = new SqlCommandBuilder(da);
    DataSet ds = new DataSet();
    da.Fill(ds);
    DataRow MyRow = ds.Tables[0].Rows[0];
    MyRow.Delete();
    da.Update(ds);
    conn.Close();
    Response.Redirect("DataSet_Delete.aspx");
}
```

【说明】使用 DataSet 实现删除功能的基本步骤如下。

(1) 创建连接对象，建立与数据库的连接。

(2) 构造查询语句。

(3) 创建数据适配器对象。

(4) 创建命令构造器对象。

(5) 创建数据集对象。

(6) 填充数据集。

(7) 获取数据行。
(8) 删除数据行。
(9) 更新数据集。
(10) 关闭连接对象，断开与数据库的连接。

本 章 小 结

本章简要地介绍了 ADO.NET 的概况，并通过具体实例讲解了 ADO.NET 常用对象的主要用法、常用服务器端数据访问控件的基本用法以及 DataSet 的典型应用模式。通过本章的学习，应熟练掌握基于 ADO.NET 的数据库访问技术，并将其灵活地运用到各类以数据库为基础的 ASP.NET 应用系统的开发中。

思 考 题

1. ADO.NET 由哪两部分组成？
2. .NET Framework 数据提供程序包含哪几个对象？
3. DataSet 包含哪两个集合？
4. Connection 对象的常用属性与方法有哪些？
5. Command 对象的常用属性与方法有哪些？
6. DataReader 对象的常用属性与方法有哪些？
7. DataAdapter 对象的常用方法有哪些？
8. 如何引用 DataSet 中的数据表？
9. ASP.NET 所提供的服务器端数据访问控件主要有哪些？
10. ASP.NET 所提供的数据源控件主要有哪些？
11. GridView 控件的常用属性、事件与方法有哪些？
12. DataList 控件所支持的模板有哪些？如何实现 DataList 控件的分页功能？
13. 请简述使用 DataSet 查询、增加、修改、删除记录的基本方法。

第 7 章

ASP.NET AJAX 编程技术

AJAX 的全称是 Asynchronous JavaScript and XML(异步 JavaScript 和 XML)，囊括 JavaScript、HTML/XHTML、CSS、XML、XMLHttpRequest 与 DOM 等技术，是提高 Web 应用性能的一种重要途径。

本章要点：ASP.NET AJAX 基础；ASP.NET AJAX 服务器端控件。

学习目标：了解 AJAX 技术的概况、ASP.NET AJAX 的技术框架与 ASP.NET AJAX Extension 的使用要点；掌握各种 ASP.NET AJAX 服务器端控件的基本用法。

7.1 ASP.NET AJAX 基础

7.1.1 AJAX

Ajax 是 Asynchronous JavaScript and XML(异步 JavaScript 和 XML)的缩写，由 Jesse James Garrett 所创造，指的是一种创建交互式网页应用的开发技术。Ajax 经过 Google 公司的大力推广后已成为一种炙手可热的流行技术，而 Google 公司所发布的 Gmail、Google Suggest 等应用也最终让人们体验了 Ajax 的独特魅力。

Ajax 的核心理念是使用 XMLHttpRequest 对象发送异步请求。最初为 XMLHttpRequest 对象提供浏览器支持的是微软公司。1998 年，微软公司在开发 Web 版的 Outlook 时，即以 ActiveX 控件的方式为 XMLHttpRequest 对象提供了相应的支持。

实际上，Ajax 并非一种全新的技术，而是多种技术的相互融合。Ajax 所包含的各种技术均有其独到之处，相互融合在一起便成为一种功能强大的新技术。

Ajax 的相关技术主要包括如下几个方面。

- HTML/XHTML：实现页面内容的表示。
- CSS：格式化页面内容。
- DOM(Document Object Model，文档对象模型)：对页面内容进行动态更新。
- XML：实现数据交换与格式转换。
- XMLHttpRequest 对象：实现与服务器的异步通信。
- JavaScript：实现各种技术的融合。

众所周知，浏览器默认使用同步方式发送请求并等待响应。在 Web 应用中，请求的发送是通过浏览器进行的。在同步方式下，用户通过浏览器发出请求后，就只能等待服务器的响应。而在服务器返回响应之前，用户将无法执行任何进一步的操作，只能空等。反之，如果将请求与响应改为异步方式(即非同步方式)，那么在发送请求后，浏览器就无需空等服务器的响应，而是让用户继续对其中的 Web 应用程序进行其他操作。当服务器处理完请求并返回响应时，再告知浏览器按程序所设定的方式进行相应的处理。可见，与同步方式相比，异步方式的运行效率更高，而且用户的体验也更佳。

Ajax 技术的出现为异步请求的发送带来了福音，并有效降低了相关应用的开发难度。Ajax 具有异步交互的特点，可实现 Web 页面的局部刷新，因此特别适用于交互较多、数据读取较为频繁的 Web 应用。

7.1.2 ASP.NET AJAX

ASP.NET AJAX 是微软开发的一套基于.NET 的 AJAX 框架，其开发代号为 Atlas。2007 年初，微软推出了 AJAX 的第一个正式版本，并将 Atlas 更名为 ASP.NET AJAX。ASP.NET AJAX 的技术框架如图 7-1 所示。

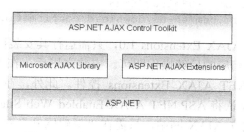

图 7-1 ASP.NET AJAX 的技术框架

【说明】为了与其他的 Ajax 技术相区分，微软将其名称全部使用大写，并在前面加上 "ASP.NET"。ASP.NET AJAX 的正式命名为 ASP.NET AJAX Extensions 与 Microsoft AJAX Library。

ASP.NET AJAX 提供了两种编程模型，即基于 ASP.NET AJAX Extensions 的服务器端编程模型与基于 Microsoft AJAX Library 的客户端编程模型。其中，ASP.NET AJAX Extensions 提供了与 ASP.NET 高度集成的服务器端功能，包括客户端数据绑定、DHTML 动画与行为等，同时使用 ScriptManager 控件与 UpdatePanel 控件实现客户端脚本管理以及对客户端回传的拦截。因此，在现有 ASP.NET 应用程序中使用 ASP.NET AJAX 是极其方便的。

ASP.NET AJAX 是一个完整的开发框架，相对于客户端编程模型，其服务器端编程模型较为简单，而且容易与现有的 ASP.NET 程序相结合，通常实现复杂的功能只需在页面中拖放几个控件，而不必了解深层次的工作原理。除此之外，支持服务器端编程的 ASP.NET AJAX Control Toolkit 包含有大量的独立 AJAX 控件以及对 ASP.NET 原有服务器控件的 AJAX 功能扩展，实现起来也非常简单。但是鱼与熊掌不可兼得，服务器端代码相对于客户端代码在执行效率与可控性上均有较大差距。

【说明】ASP.NET AJAX Control Toolkit 并没有包含在.NET 框架中，因此在使用前需自行下载、安装并整合到 VS 中。

7.1.3 ASP.NET AJAX Extensions

ASP.NET AJAX Extensions 是 ASP.NET AJAX 服务器端编程的基础。从 VS 2008 开始，ASP.NET AJAX Extensions 已被整合到控件工具箱中，因此可在需要时直接使用其所提供的各个服务器端控件。如图 7-2 所

图 7-2 VS 2010 中的 ASP.NET AJAX Extensions 控件

示，即为 VS 2010 中的 ASP.NET AJAX Extensions 控件。

如果要在 VS 2005 中使用 ASP.NET AJAX Extensions 控件，那么就必须自行下载并安装 ASP.NET 2.0 AJAX Extensions 1.0。通过以下网址之一，即可成功下载 ASP.NET 2.0 AJAX Extensions 1.0 的安装程序 ASPAJAXExtSetup.msi(如图 7-3 所示)。

```
http://www.microsoft.com/downloads/details.aspx?displaylang=en&FamilyID=
ca9d90fa-e8c9-42e3-aa19-08e2c027f5d6
http://www.microsoft.com/en-us/download/confirmation.aspx?id=883
```

为安装 ASP.NET 2.0 AJAX Extensions 1.0，只需运行其安装程序 ASPAJAXExtSetup.msi (如图 7-4 所示)，并完成相应的后续操作即可。安装完毕后，在 VS 2005 的控件工具箱中即可查看到相应的 ASP.NET AJAX Extensions 控件。此外，在安装 ASP.NET 2.0 AJAX Extensions 1.0 过程中，默认将 ASP.NET AJAX-Enabled Web Site 网站模板添加到 VS 2005 开发环境中。因此，要建立 AJAX 网站，只需在"新建网站"对话框中直接选取 ASP.NET AJAX-Enabled Web Site 模板即可。

图 7-3 安装程序 ASPAJAXExtSetup.msi 的下载　　图 7-4 ASPAJAXExtSetup.msi 的安装

7.2 ASP.NET AJAX 服务器端控件

ASP.NET AJAX 服务器端控件共有 5 个，即 ScriptManager、ScriptManagerProxy、UpdatePanel、UpdateProgress 与 Timer 控件。下面通过具体实例，分别对各控件的基本用法进行简要介绍。

7.2.1 ScriptManager 控件

ScriptManager 控件负责管理页面中所有的 ASP.NET AJAX 服务器控件，是 ASP.NET AJAX 的核心。只有添加了 ScriptManager 控件，才能让页面的局部更新起作用。因此，在开发 ASP.NET AJAX 网站时，每个相关的页面都必须添加一个 ScriptManager 控件。

ScriptManager 控件的标记为<asp:ScriptManager>，如以下示例：

```
<asp:ScriptManager ID="ScriptManager1" runat="server">
</asp:ScriptManager>
```

7.2.2 ScriptManagerProxy 控件

ScriptManagerProxy 控件的功能与 ScriptManager 控件基本相同，但通常只用于引用已包含有 ScriptManager 控件的母版页的内容页中。

ScriptMangerProxy 控件的标记为<asp:ScriptManagerProxy>，如以下示例：

```
<asp:ScriptManagerProxy ID="ScriptManagerProxy1" runat="server">
   </asp:ScriptManagerProxy>
```

7.2.3 UpdatePanel 控件

UpdatePanel 控件通常又称为更新区域控件，用于定义页面的可更新区域及其更新方式，以实现页面的局部更新功能。对于大部分的 ASP.NET 服务器控件来说，只需将其拖放到 UpdatePanel 控件中，即可使原本并不具备 AJAX 能力的 ASP.NET 服务器控件都具有 AJAX 的异步功能。

【注意】并非所有的 ASP.NET 控件都能放置到 UpdatePanel 控件中。不能放置到 UpdatePanel 控件中的 ASP.NET 控件包括 FileUpload 控件与各种验证控件(除非将其 EnableClientScript 属性设置为 False)。

UpdatePanel 控件的标记为<asp:UpdatePanel >，如以下示例：

```
<asp:UpdatePanel ID="UpdatePanel1" runat="server">
   <ContentTemplate>
   </ContentTemplate>
   <Triggers>
   </Triggers>
</asp:UpdatePanel>
```

UpdatePanel 控件的常用属性/集合如表 7-1 所示。

表 7-1　UpdatePanel 控件的常用属性/集合

属性/集合	说　明
UpdateMode	更新方式
ChildrenAsTriggers	是否将内部的控件作为触发器
Triggers	触发器集合

对于 ASP.NET AJAX 应用的开发来说，UpdatePanel 控件的作用是至关重要的，其使用的要点在于根据实际情况设置好更新区域的更新方式与触发器。

UpdatePanel 控件的 UpdateMode 属性用于设置其更新方式。当该属性设置为 Always 时，任何一个回发(包括异步回发与同步回发)均会触发更新。而当该属性设置为 Conditional 时，则只在特定情况下才触发更新(默认情况下，仅其内部控件引发的回发才能更新)。

若将 UpdatePanel 控件的 ChildrenAsTriggers 属性设置为 False，则其内部所有控件引发的异步回送都不会触发更新。在这种情况下，如果同时将 UpdateMode 属性设置为

Conditional，那么就必须指定其外部的 ASP.NET 控件来触发其异步更新。正因为如此，通常将这些外部的可触发异步更新的 ASP.NET 控件称为触发器(Trigger)。其实，触发器是一种更为灵活的更新方式，其设置是通过 UpdatePanel 控件的 Triggers 集合来进行的。

【实例 7-1】UpdatePanel 控件应用实例。设计一个显示系统时间的页面(如图 7-5 所示)。要求：①单击第 1 个"更新"按钮时，可刷新整个页面，同时更新所有的系统时间；②单击第 2 个"更新"按钮或"更新区域一"按钮时，只更新"可更新区域一"内的系统时间；③单击第 3 个"更新"按钮或"更新区域一与区域二"按钮时，能同时更新"可更新区域一"与"可更新区域二"内的系统时间。

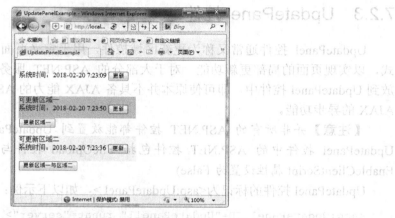

图 7-5　系统时间页面

设计步骤：

(1) 创建一个 ASP.NET 网站 WebSite07。

(2) 在网站 WebSite07 中使用"Web 窗体"模板添加一个新的 ASP.NET 页面 UpdatePanelExample.aspx(如图 7-6 所示)，并添加相应的控件(如图 7-7 所示)。有关控件及其主要属性设置如表 7-2 所示。

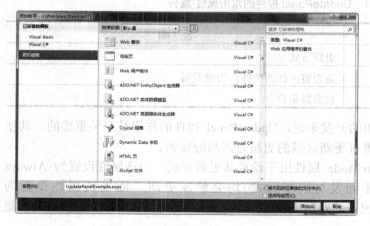

图 7-6　"添加新项"对话框

图 7-7　页面设计

第 7 章 ASP.NET AJAX 编程技术

表 7-2 有关控件及其主要属性设置

控 件	属 性 名	属 性 值	说 明
ScriptManager 控件	ID	ScriptManager1	置于最前面
Label 控件	ID	Label1	用于显示第一个系统时间
Button 控件	ID	Button1	置于控件 Label1 之后
	Text	更新	
UpdatePanel 控件	ID	UpdatePanel1	对应于第一个可更新区域
	UpdateMode	Always(默认值)	
	ChildrenAsTriggers	True(默认值)	
	Triggers	通过 UpdatePanelTrigger 集合编辑器添加两个 AsyncPostBackTrigger 成员(即触发器),其 ControlID 分别为 Button4 与 Button5(如图 7-8 所示)	
div 控件	style	width: 275px; height: 53px; background-color: #99cc99"	置于控件 UpdatePanel1 之内
Label 控件	ID	Label2	置于控件 UpdatePanel1 中的 div 内,用于显示第二个系统时间
Button 控件	ID	Button2	置于控件 Label2 之后
	Text	更新	
UpdatePanel 控件	ID	UpdatePanel2	对应于第二个可更新区域
	UpdateMode	Conditional	
	ChildrenAsTriggers	True(默认值)	
	Triggers	通过 UpdatePanelTrigger 集合编辑器添加一个 AsyncPostBackTrigger 成员(即触发器),其 ControlID 为 Button5(如图 7-9 所示)	
div 控件	style	width: 275px; height: 61px; background-color: #ccff99"	置于控件 UpdatePanel2 之内
Label 控件	ID	Label3	置于控件 UpdatePanel2 中的 div 内,用于显示第三个系统时间
Button 控件	ID	Button3	置于控件 Label3 之后
	Text	更新	
Button 控件	ID	Button4	置于控件 UpdatePanel1 的下面
	Text	更新区域一	
Button 控件	ID	Button5	置于控件 UpdatePanel2 的下面
	Text	更新区域一与区域二	

图 7-8　UpdatePanelTrigger 集合编辑器

图 7-9　UpdatePanelTrigger 集合编辑器

(3) 编写页面 Load 事件的方法代码。

```
protected void Page_Load(object sender, EventArgs e)
{
    Label1.Text = DateTime.Now.ToString();
    Label2.Text = DateTime.Now.ToString();
    Label3.Text = DateTime.Now.ToString();
}
```

【说明】

(1) ScriptManger 控件负责管理页面中所有其他的 ASP.NET AJAX 服务器控件，是 ASP.NET AJAX 服务器端编程模型的核心。要使用 ASP.NET AJAX 所提供的各种功能，就必须在页面中放置一个 ScriptManager 控件。

(2) UpdatePanel 控件用于定义页面的可更新区域与更新方式。UpdatePanel 控件的更新方式通过其 UpdateMode 属性与 ChildrenAsTriggers 属性进行设置。必要时，还可通过 UpdatePanel 控件的 Triggers 集合为其设置相应的触发器(即可触发异步更新的 ASP.NET 控件)。

7.2.4　UpdateProgress 控件

UpdateProgress 控件通常又称为更新进度控件，用于在页面异步更新正在进行时以适当的方式为用户给出相应的提示。具体地说，放置在 UpdateProgress 控件中的内容会在异步回发过程中的适当时机自动出现，并在浏览器接收到相应的数据后自动消失。

UpdateProgress 控件的标记为<asp:UpdateProgress>，如以下示例：

```
<asp:UpdateProgress ID="UpdateProgress1" runat="server"
AssociatedUpdatePanelID="UpdatePanel1">
    <ProgressTemplate>
    </ProgressTemplate>
</asp:UpdateProgress>
```

UpdateProgress 控件的常用属性如表 7-3 所示。

第 7 章 ASP.NET AJAX 编程技术

表 7-3 UpdateProgress 控件的常用属性

属 性	说 明
AssociatedUpdatePanelID	所关联的 UpdatePanel 控件的 ID
DisplayAfter	延迟显示的时间(以 ms 为单位)
DynamicLayout	是否启用动态布局

【实例 7-2】UpdateProgress 控件应用实例。

设计步骤：

(1) 在网站 WebSite07 中使用"Web 窗体"模板添加一个新的 ASP.NET 页面 UpdateProgressExample.aspx，并添加相应的控件(如图 7-10 所示)。有关控件及其主要属性设置如表 7-4 所示。

图 7-10 页面设计

表 7-4 有关控件及其主要属性设置

控 件	属 性 名	属 性 值	说 明
ScriptManager 控件	ID	ScriptManager1	置于最前面
UpdatePanel 控件	ID	UpdatePanel1	
Button 控件	ID	Button1	置于控件 UpdatePanel1 内
	Text	启动...	
Label 控件	ID	lblInfo	置于控件 UpdatePanel1 内
UpdateProgress 控件	ID	UpdateProgress1	
	AssociatedUpdatePanelID	UpdatePanel1	
	DisplayAfter	500(默认值)	
	DynamicLayout	True(默认值)	
Image 控件	ID	Image1	置于控件 UpdateProgress1 内
	ImageUrl	~/Images/Loading.gif	
Label 控件	ID	Label1	置于控件 UpdateProgress1 内
	Text	正在处理...	

(2) 引用命名空间。

```
using System.Threading;
```

(3) 编写按钮 Button1 的 Click(单击)事件的方法代码。

```
protected void Button1_Click(object sender, EventArgs e)
{
    Thread.Sleep(5000);
    lblInfo.Text = "OK! 已完成。";
}
```

运行结果：打开页面时如图 7-11(a)所示，单击"启动"按钮效果如图 7-11(b)所示，等待 5 秒钟后如图 7-11(c)所示。

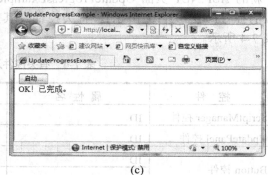

图 7-11 运行结果

【说明】

(1) 使用 UpdateProgress 控件,可在页面正在进行异步更新的过程中显示相应的提示信息。

(2) 本实例通过延时模拟了异步更新的过程,从而体现了 UpdateProgress 控件的应用效果。

(3) 在本实例中所使用的图像文件 Loading.gif 应事先置于站点的 Images 子文件夹中。

7.2.5 Timer 控件

Timer 控件通常又称为定时器控件,主要用于实现定时调用,如定时到服务器上去提取相关的信息。借助于该控件,可轻松实现页面的定时刷新。

Timer 控件的标记为<asp:Timer>,如以下示例:

```
<asp:Timer ID="Timer1" runat="server">
</asp:Timer>
```

Timer 控件的常用属性/事件如表 7-5 所示。

第 7 章 ASP.NET AJAX 编程技术

表 7-5 Timer 控件的常用属性/事件

属性/事件	说　明
Interval	属性。定时器的时间间隔(以 ms 为单位)
Tick	事件。以指定的时间间隔定期触发

由于 Timer 控件会定时引发一个回送，因此配合 UpdatePanel 控件，可以实现无闪烁的页面定时更新。显然，这对于聊天室等常见 Web 应用的开发是非常适合的。

【注意】当 Timer 位于 UpdatePanel 之外时，要将 Timer 控件设定为 UpdatePanel 的异步更新触发器。

【实例 7-3】Timer 控件应用实例。设计一个时间显示页面(如图 7-12 所示)，可显示页面的打开时间以及当前的系统时间。

设计步骤：

(1) 在网站 WebSite07 中使用 "Web 窗体" 模板添加一个新的 ASP.NET 页面 TimerExample.aspx，并添加相应的控件(如图 7-13 所示)。有关控件及其主要属性设置如表 7-6 所示。

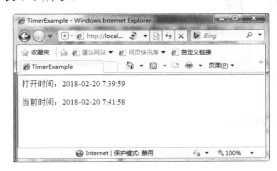

图 7-12 时间显示页面

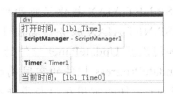

图 7-13 页面设计

表 7-6 有关控件及其主要属性设置

控　件	属性名	属 性 值	说　明
ScriptManager 控件	ID	ScriptManager1	置于最前面
Label 控件	ID	lbl_Time	用于显示页面的打开时间
UpdatePanel1 控件	ID	UpdatePanel1	
Timer 控件	ID	Timer1	置于控件 UpdatePanel1 内
	Interval	1000	
Label 控件	ID	lbl_Time0	置于控件 UpdatePanel1 内，用于显示当前的系统时间

(2) 编写页面 Load 事件的方法代码。

```
protected void Page_Load(object sender, EventArgs e)
{
```

ASP.NET 应用开发实例教程

```
        lbl_Time.Text = DateTime.Now.ToString();
        lbl_Time0.Text = DateTime.Now.ToString();
}
```

【说明】在本实例中，将 Timer 控件的 Interval 属性设置为 1000ms(即 1s)，以便能动态地显示正确的系统时间。

【提示】Timer 控件的常用事件为 Tick，必要时可为其编写方法代码，以便以指定的时间间隔定期执行相应的处理过程。

本 章 小 结

本章简要地介绍了 AJAX 技术的概况、ASP.NET AJAX 的技术框架与 ASP.NET AJAX Extensions 的使用要点，并通过具体实例讲解了各种 ASP.NET AJAX 服务器端控件的基本用法。通过本章的学习，应了解 AJAX 技术的应用需求，并能灵活运用 ASP.NET AJAX 技术提升 ASP.NET 应用系统的性能及其用户体验。

思 考 题

1. AJAX 是什么？
2. Ajax 的主要技术有哪些？
3. ASP.NET AJAX 提供了哪两种编程模型？
4. ASP.NET AJAX 服务器端控件有哪些？
5. 如何设置 UpdatePanel 控件的更新方式与触发器？
6. UpdateProgress 控件的常用属性有哪些？
7. Timer 控件的常用属性与事件有哪些？

第 8 章

ASP.NET 应用案例

随着 Internet 的快速发展，Web 应用系统的使用也日益广泛。在各类 Web 应用的开发中，ASP.NET 技术的运用是相当普遍的。

本章要点：系统的分析；系统的设计；系统的实现。

学习目标：通过分析典型的 ASP.NET 应用案例(人事管理系统)，理解并掌握基于 ASP.NET 的 Web 应用系统开发的主要技术。

8.1 系统的分析

8.1.1 基本需求

本人事管理系统较为简单，仅用于对单位职工的基本信息进行相应的管理，其基本需求如下。

(1) 可对单位的部门进行管理，包括部门的查询、增加、修改与删除。每个部门的信息包括部门的编号与名称。其中，部门的编号是唯一的。

(2) 可对单位的职工进行管理，包括职工的查询、增加、修改与删除。每个职工的信息包括职工的编号、姓名、性别、出生日期、基本工资、岗位津贴与所在部门(编号)。其中，职工的编号是唯一的，而且每个职工只能属于某个部门。

(3) 可对系统的用户进行管理，包括用户的查询、增加、修改与删除以及用户密码的重置与设置。每个用户的信息包括用户名、密码与用户类型。其中，用户名是唯一的。

8.1.2 用户类型

本系统的用户分为两种类型，即系统管理员与普通用户。各用户需登录成功后方可使用系统的有关功能，使用完毕后则可通过相应方式安全退出系统。在使用过程中，各用户均可随时修改自己的登录密码，以提高安全性。

用户的操作权限是根据其类型确定的。在本系统中，系统管理员可执行系统的所有功能。至于普通用户，则主要执行职工管理方面的功能。

本系统规定，默认系统管理员的用户名为 admin，其初始密码为 12345。以默认系统管理员登录系统后，即可创建其他系统管理员以及所需要的普通用户，且新建系统管理员与普通用户的初始密码与其用户名一致。

8.2 系统的设计

8.2.1 功能模块设计

由系统的基本需求分析可知，本人事管理系统所需实现的功能是较为简单的。在此，将其划分为以下几个功能模块(如图 8-1 所示)。

(1) 系统登录。该模块针对所有用户，用于实现系统用户的登录验证过程。

(2) 部门管理。该模块仅针对系统管理员，用于对单位的部门进行管理，包括部门的查询、增加、修改与删除等功能。

(3) 职工管理。该模块针对系统管理员与普通用户，用于对单位的职工进行管理，包括职工的查询、增加、修改与删除等功能。

(4) 用户管理。该模块仅针对系统管理员，用于对系统的用户进行管理，包括系统用户的查询、增加、修改与删除以及用户密码的重置等功能。

(5) 当前用户。该模块仅针对当前用户，包括用户的密码设置(或修改)与系统的安全退出(或注销)。

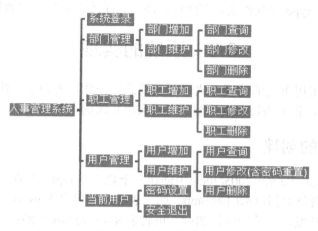

图 8-1 系统功能模块图

8.2.2 数据库结构设计

根据系统的基本需求，并结合功能实现的需要，数据库中应包含有 3 个表，即部门表 bmb、职工表 zgb 与用户表 users。各表的结构如表 8-1～表 8-3 所示。

表 8-1 部门表 bmb 的结构

列 名	类 型	约 束	说 明
bmbh	char(2)	主键	部门编号
bmmc	varchar(20)		部门名称

表 8-2 职工表 zgb 的结构

列 名	类 型	约 束	说 明
bh	char(7)	主键	编号
xm	char(10)		姓名
xb	char(2)		性别
bm	char(2)		部门编号
csrq	datetime		出生日期
jbgz	decimal(7,2)		基本工资
gwjt	decimal(7,2)		岗位津贴

表 8-3 用户表 users 的结构

列名	类型	约束	说明
username	char(10)	主键	用户名
password	varchar(20)		用户密码
usertype	varchar(10)		用户类型

在本系统中,用户的类型只有两种,即系统管理员与普通用户。相应地,用户表 users 中用户类型字段 usertype 的取值也只有两种,即"系统管理员"与"普通用户"。

8.3 系统的实现

系统的实现可采用不同的编程方式或开发模式。在此,为便于尽快理解并掌握相应的 ASP.NET 开发技术,将采用最基本的编程方式实现系统的有关功能。

8.3.1 数据库的创建

在 Microsoft SQL Server 2005/2008 中创建一个数据库 rsgl,并在其中按表 8-1、表 8-2 与表 8-3 所示的结构分别创建部门表 bmb、职工表 zgb 与用户表 users。

为便于系统的开发及有关功能的调试,可将表 8-4~表 8-6 中的记录分别输入到 rsgl 数据库的各个表中。特别地,在用户表 users 中,应包含有一个默认系统管理员用户 admin,其初始密码为 12345。

表 8-4 部门记录

部门编号	部门名称
01	计信系
02	会计系
03	经济系
04	财政系
05	金融系

表 8-5 职工记录

编号	姓名	性别	部门编号	出生日期	基本工资	岗位津贴
1992001	张三	男	01	1969-06-12	1500.00	1000.00
1992002	李四	男	01	1968-12-15	1600.00	1100.00
1993001	王五	男	02	1970-01-25	1300.00	800.00
1993002	赵一	女	03	1970-03-15	1300.00	800.00
1993003	赵二	女	01	1971-01-01	1200.00	700.00

表 8-6　用户记录

用 户 名	用户密码	用户类型
abc	123	普通用户
abcabc	123	普通用户
admin	12345	系统管理员
system	12345	系统管理员

8.3.2　网站的创建

创建本系统网站的主要步骤如下：

(1)　在 Visual Studio 2008 中新建一个 ASP.NET 网站 rsgl。
(2)　在站点根目录下新建一个文件夹 images。该文件夹用于存放系统所需要的图片文件。
(3)　修改网站的配置文件 web.config，在其根元素 <configuration>中添加一个<connectionStrings>子元素，具体代码如下：

```
<connectionStrings>
    <add name="rsglConnectionString"
connectionString="Data Source=.;Initial
Catalog=rsgl;Integrated Security=True"
        providerName="System.Data.SqlClient" />
</connectionStrings>
```

图 8-2　站点的目录结构

至此，站点创建完毕，其目录结构如图 8-2 所示。

8.3.3　素材文件的准备

对于一个 Web 应用系统的开发来说，通常要先准备好相应的素材文件，如页面设计所需要的图片文件与层叠样式表(CSS)文件等。

1. 图片文件

本人事管理系统所需要的图片文件如图 8-3 所示，只需将其复制到站点的 images 子文件夹中即可。

图 8-3　系统所需要的图片文件

2. 层叠样式表文件

在站点根目录下创建一个层叠样式表文件 stylesheet.css，其代码如下：

```css
BODY
{
    font-size: 9pt;
    font-family: 宋体;
    color: #3366FF;
}
A
{
    FONT-SIZE: 9pt;
    TEXT-DECORATION: underline;
    color: #3366FF;
}
A:link {
    FONT-SIZE: 9pt;
    TEXT-DECORATION: none;
    color: #3366FF;
}
A:visited {
    FONT-SIZE: 9pt;
    TEXT-DECORATION: none;
    color: #3366FF;
}
A:active {
    FONT-SIZE: 9pt;
    TEXT-DECORATION: none;
    color: #3366FF;
}
A:hover {
    COLOR: red;
    TEXT-DECORATION: underline
}
TABLE {
    FONT-SIZE: 9pt
}
TR {
    FONT-SIZE: 9pt
}
TD {
    FONT-SIZE: 9pt;
}
```

8.3.4 登录功能的实现

本系统的"系统登录"页面如图 8-4 所示。在此页面中，输入正确的用户名与密码，再单击"确定"按钮，即可打开如图 8-5 所示的系统主界面。其中，图 8-5(a)为系统管理员的主界面，图 8-5(b)则为普通用户的主界面。其实，除了所显示的用户信息不同以外，二者是一样的。

第 8 章 ASP.NET 应用案例

图 8-4 "系统登录"页面

(a)

(b)

图 8-5 系统主界面

系统登录功能的实现过程如下所述。

1. 创建"系统登录"页面

在站点根目录下创建一个新的 ASP.NET 页面 login.aspx。该页面为"系统登录"页面,可根据用户所输入的用户名与密码,验证其是否为系统的合法用户。

(1) 界面设计。

① 添加对 stylesheet.css 的引用。为此,可在页面的 head 部分添加以下代码:

```
<link href="stylesheet.css" rel="stylesheet" type="text/css" />
```

② 在页面中添加 HTML 表格,并在其中添加相应的内容或控件(如图 8-6 所示)。各有关控件及其主要属性的设置如表 8-7 所示。

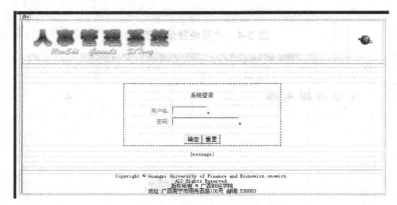

图 8-6 login.aspx 页面的控件

表 8-7 有关控件及其主要属性设置

控 件	属 性 名	属 性 值
Image 控件	ImageUrl	~/images/Title.png
Image 控件	ImageUrl	~/images/LuEarth.GIF
TextBox 控件	ID	username
	Columns	10
	MaxLength	10
RequiredFieldValidator 控件	ID	RequiredFieldValidator1
	ControlToValidate	username
	ErrorMessage	*
	ForeColor	Red
	SetFocusOnError	True
TextBox 控件	ID	password
	Columns	20
	MaxLength	20
	TextMode	Password

续表

控件	属性名	属性值
RequiredFieldValidator 控件	ID	RequiredFieldValidator2
	ControlToValidate	password
	ErrorMessage	*
	ForeColor	Red
	SetFocusOnError	True
Button 控件	ID	Button1
	Text	确定
Button 控件	ID	Button2
	Text	重置
	CausesValidation	False
Label 控件	ID	Message
	ForeColor	Red

该页面的代码如下：

```
<%@ Page Language="C#" AutoEventWireup="true" CodeFile="login.aspx.cs"
Inherits="login" %>
<!DOCTYPE html PUBLIC "-//W3C//DTD XHTML 1.0 Transitional//EN"
"http://www.w3.org/TR/xhtml1/DTD/xhtml1-transitional.dtd">
<html xmlns="http://www.w3.org/1999/xhtml">
<head runat="server">
    <title>人事管理-系统登录</title>
    <link href="stylesheet.css" rel="stylesheet" type="text/css" />
</head>
<body>
    <form id="form1" runat="server">
    <div align="center">
        <table style="padding: 0px; margin: 0px; width: 800px;" border="0"
        cellpadding="0" cellspacing="0">
        <tr>
            <td>
                <table style="width:100%;">
                    <tr>
                        <td style="text-align: left"><asp:Image ID="Image1"
runat="server" ImageUrl="~/images/Title.png" /></td>
                        <td> </td>
                        <td><asp:Image ID="Image2" runat="server" ImageUrl="~
/images/LuEarth.GIF" /></td>
                    </tr>
                </table>
            </td>
        </tr>
        <tr>
            <td><hr /></td>
```

```
            </tr>
            <tr>
                <td> </td>
            </tr>
            <tr>
                <td> </td>
            </tr>
            <tr>
                <td> </td>
            </tr>
            <tr>
                <td align="center">
                    <table style="border: thin dashed #008080;" width="350" align="center">
                        <tr>
                            <td style="width: 30%"> </td>
                            <td style="width: 70%"> </td>
                        </tr>
                        <tr>
                            <td align="center" colspan="2">
                            <b>系统登录</b>
                            </td>
                        </tr>
                        <tr>
                            <td> </td>
                            <td> </td>
                        </tr>
                        <tr>
                            <td align="right">
                                用户名：
                            </td>
                            <td align="left">
                            <asp:TextBox ID="username" runat="server" Columns="10" MaxLength="10"></asp:TextBox>
                                <asp:RequiredFieldValidator ID="RequiredFieldValidator1" runat="server"
                                    ErrorMessage="*" ControlToValidate="username" ForeColor="Red" SetFocusOnError="True"></asp:RequiredFieldValidator>
                            </td>
                        </tr>
                        <tr>
                            <td align="right" id="10">
                                密码：
                            </td>
                            <td align="left">
                                <asp:TextBox ID="password" runat="server" Columns="20" MaxLength="20" TextMode="Password"></asp:TextBox>
                                <asp:RequiredFieldValidator ID="RequiredFieldValidator2" runat="server"
```

```
                    ControlToValidate="password" ErrorMessage="*"
ForeColor="Red" SetFocusOnError="True"></asp:RequiredFieldValidator>
                </td>
            </tr>
            <tr>
                <td> </td>
                <td> </td>
            </tr>
            <tr>
                <td align="center" colspan="2">
                    <asp:Button ID="Button1" runat="server" Text="确定"
onclick="Button1_Click" />
                    <asp:Button ID="Button2" runat="server" Text="重置"
onclick="Button2_Click"
                        CausesValidation="False" />
                </td>
            </tr>
        </table>
        </td>
    </tr>
    <tr>
        <td> </td>
    </tr>
    <tr>
        <td style="text-align: center">
            <asp:Label ID="message" runat="server" Text=""
ForeColor="Red"></asp:Label>
        </td>
    </tr>
    <tr>
        <td> </td>
    </tr>
    <tr>
        <td> </td>
    </tr>
    <tr>
        <td><hr /></td>
    </tr>
    <tr>
        <td style="text-align: center">
            <font color="#330033">Copyright &copy; Guangxi University
of Finance and Economics.onomics.<br />
            All Rights Reserved.</font><br />
            <font color="#330033">版权所有 &copy; 广西财经学院</font><br />
            <font color="#330033">地址:广西南宁市明秀西路100号 邮编:
530003</font><br />
        </td>
    </tr>
</table>
</div>
```

```
    </form>
</body>
</html>
```

(2) 程序代码。

① 添加对有关命名空间的引用。

```csharp
using System.Configuration;
using System.Data;
using System.Data.SqlClient;
```

② 定义页面级的变量。

```csharp
string myUsername, myPassword, myUsertype;
string myConnectionString, mySQL;
SqlConnection myConnection;
SqlCommand myCommand;
SqlDataReader myDataReader;
```

③ 编写页面 Load 事件的方法代码。

```csharp
protected void Page_Load(object sender, EventArgs e)
{
    //myConnectionString = ConfigurationManager.ConnectionStrings
      ["rsqlConnectionString"].ToString();
    myConnectionString = ConfigurationManager.ConnectionStrings
      ["rsqlConnectionString"].ConnectionString;
    myConnection = new SqlConnection(myConnectionString);
    myConnection.Open();
    mySQL = "SELECT * FROM users WHERE username='admin'";
    myCommand = new SqlCommand(mySQL, myConnection);
    myDataReader = myCommand.ExecuteReader();
    if (!myDataReader.HasRows)
    {
        mySQL = "INSERT INTO users(username, password, usertype)";
        mySQL += " VALUES('admin','12345','系统管理员')";
        myCommand = new SqlCommand(mySQL, myConnection);
        myCommand.ExecuteNonQuery();
    }
    myDataReader.Close();
}
```

④ 编写"确定"按钮(Button1)的 Click 事件的方法代码。

```csharp
protected void Button1_Click(object sender, EventArgs e)
{
    myUsername = username.Text;
    myPassword = password.Text;
    myConnectionString = ConfigurationManager.ConnectionStrings
      ["rsqlConnectionString"].ConnectionString;
    myConnection = new SqlConnection(myConnectionString);
    myConnection.Open();
```

```
    mySQL = "SELECT * FROM users WHERE username='" + myUsername + "'
      AND password='" + myPassword + "'";
    myCommand = new SqlCommand(mySQL, myConnection);
    myDataReader = myCommand.ExecuteReader();
    if (!myDataReader.HasRows)
    {
        message.Text = "非法用户,无法登录!";
    }
    else
    {
        message.Text = "合法用户,允许登录!";
        myDataReader.Read();
        myUsertype = myDataReader["usertype"].ToString();
        Session["username"] = myUsername;
        Session["password"] = myPassword;
        Session["usertype"] = myUsertype;
        Response.Redirect("indexAdmin.aspx");
    }
    myDataReader.Close();
}
```

⑤ 编写"重置"按钮(Button2)的 Click 事件的方法代码。

```
protected void Button2_Click(object sender, EventArgs e)
{
    username.Text = "";
    password.Text = "";
    message.Text = "";
    username.Focus();
}
```

2. 创建展示系统的主界面的页面

在站点根目录下创建一个新的 ASP.NET 页面 indexAdmin.aspx。该页面为一个框架页面，用于展示系统的主界面。

indexAdmin.aspx 页面的代码如下：

```
<%@ Page Language="C#" AutoEventWireup="true"
CodeFile="indexAdmin.aspx.cs" Inherits="indexAdmin" %>
<!DOCTYPE html PUBLIC "-//W3C//DTD XHTML 1.0 Transitional//EN"
"http://www.w3.org/TR/xhtml1/DTD/xhtml1-transitional.dtd">
<html xmlns="http://www.w3.org/1999/xhtml">
<head runat="server">
    <title>人事管理</title>
    <link href="stylesheet.css" rel="stylesheet" type="text/css" />
</head>
<frameset rows="100,*" cols="*">
    <frame src="main.aspx" name="topFrame" scrolling="yes" id="topFrame">
        <frameset rows="*" cols="200,*">
            <frame src="menu.aspx" name="leftFrame" scrolling="auto" id="leftFrame">
```

```
            <frame src="home.aspx" name="rightFrame" scrolling="yes"
id="rightFrame">
        </frameset>
    </frameset>
    <noframes>
    <body>
        <form id="form1" runat="server">
        <div>
此网页使用了框架，但您的浏览器不支持框架。
        </div>
        </form>
    </body>
    </noframes>
</html>
```

indexAdmin.aspx 页面 Load 事件的方法代码如下：

```
protected void Page_Load(object sender, EventArgs e)
{
    if ((string)Session["usertype"] != "系统管理员" && (string)Session
        ["usertype"] != "普通用户")
    {
        Response.Redirect("noAuthority.aspx");
    }
}
```

8.3.5 系统主界面的实现

系统的主界面由 indexAdmin.aspx 页面生成。该页面其实是一个框架页面，用于将浏览器窗口分为 3 个部分。其中，上方用于打开 main.aspx 页面，下方左侧用于打开 menu.aspx 页面，下方右侧用于打开 home.aspx 页面。若未登录而直接访问 indexAdmin.aspx 页面，将打开如图 8-7 所示"您无此操作权限"页面(noAuthority.aspx)。

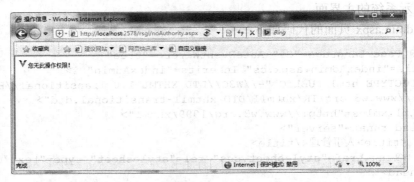

图 8-7 "您无此操作权限"页面

1. main.aspx 页面

main.aspx 页面主要用于显示系统的标题图片与当前用户的基本信息，并提供一个"注销"链接以安全退出系统。该页面的代码如下：

```
<%@ Page Language="C#" AutoEventWireup="true" CodeFile="main.aspx.cs"
Inherits="main" %>
<!DOCTYPE html PUBLIC "-//W3C//DTD XHTML 1.0 Transitional//EN"
"http://www.w3.org/TR/xhtml1/DTD/xhtml1-transitional.dtd">
<html xmlns="http://www.w3.org/1999/xhtml">
<head runat="server">
    <title>人事管理</title>
     <meta http-equiv="pragma" content="no-cache">
     <meta http-equiv="cache-control" content="no-cache">
     <meta http-equiv="expires" content="0">
     <meta http-equiv="keywords" content="人事管理">
     <link href="stylesheet.css" rel="stylesheet" type="text/css" />
</head>
<body>
    <form id="form1" runat="server">
    <div>
        <table style="width: 100%;">
           <tr>
               <td style="width: 80%">
                   <asp:Image ID="Image1" runat="server" ImageUrl="~/images/Title.png" />
               </td>
               <td style="width: 20%" align="center" id="username">
                   <asp:Image ID="Image2" runat="server" ImageUrl="~/images/LuEarth.GIF" />
                   <br />
                   [<asp:Label ID="username" runat="server" Text=""></asp:Label> | <asp:Label ID="usertype" runat="server" Text=""></asp:Label> | <asp:HyperLink
                       ID="HyperLink1" runat="server" NavigateUrl="./logout.aspx" Target="_top" Text="注销
"></asp:HyperLink>]</td>
            </tr>
        </table>
    </div>
    </form>
</body>
</html>
```

页面 Load 事件的方法代码如下：

```
protected void Page_Load(object sender, EventArgs e)
{
    if ((string)Session["usertype"] != "系统管理员" &&
        (string)Session["usertype"] != "普通用户")
    {
        Response.Redirect("noAuthority.aspx");
    }
    username.Text = Session["username"].ToString();
    usertype.Text = Session["usertype"].ToString();
}
```

2. menu.aspx 页面

menu.aspx 页面主要用于显示系统的功能菜单，内含一系列用于执行相应功能的超链接。该页面的代码如下：

```
<%@ Page Language="C#" AutoEventWireup="true" CodeFile="menu.aspx.cs"
Inherits="menu" %>
<!DOCTYPE html PUBLIC "-//W3C//DTD XHTML 1.0 Transitional//EN"
"http://www.w3.org/TR/xhtml1/DTD/xhtml1-transitional.dtd">
<html xmlns="http://www.w3.org/1999/xhtml">
<head runat="server">
    <title>人事管理</title>
    <link href="stylesheet.css" rel="stylesheet" type="text/css" />
</head>
<body>
    <form id="form1" runat="server">
    <div>
        <table border="0" width="150px">
            <tr>
                <td align="center" bgcolor="#66CCFF"> 
                </td>
            </tr>
            <tr>
                <td> 
                </td>
            </tr>
            <tr>
                <td>
                    <asp:Image ID="Image1" runat="server" ImageUrl="~
/images/LuVred.png" />部门管理</td>
            </tr>
            <tr>
                <td>
                     <asp:Image ID="Image2" runat="server" ImageUrl="~
/images/LuArrow.gif" />
                    <asp:HyperLink ID="HyperLink1" runat="server" Text="部门
增加" NavigateUrl="bmAdd.aspx" Target="rightFrame"></asp:HyperLink></td>
            </tr>
            <tr>
                <td>
                     <asp:Image ID="Image3" runat="server" ImageUrl="~
/images/LuArrow.gif" />
                    <asp:HyperLink ID="HyperLink2" runat="server" Text="部门
维护" NavigateUrl="bmSelect.aspx"
Target="rightFrame"></asp:HyperLink></td>
            </tr>
            <tr>
                <td> 
                </td>
            </tr>
            <tr>
                <td>
```

```
                    <asp:Image ID="Image4" runat="server" ImageUrl="~
/images/LuVblue.png" />职工管理</td>
        </tr>
        <tr>
            <td>
                 <asp:Image ID="Image5" runat="server" ImageUrl="~
/images/LuArrow.gif" />
                <asp:HyperLink ID="HyperLink3" runat="server" Text="职工
增加" NavigateUrl="zgAdd.aspx" Target="rightFrame"></asp:HyperLink></td>
        </tr>
        <tr>
            <td>
                 <asp:Image ID="Image6" runat="server" ImageUrl="~
/images/LuArrow.gif" />
                <asp:HyperLink ID="HyperLink4" runat="server" Text="职工
维护" NavigateUrl="zgSelect.aspx" Target="rightFrame"></asp:HyperLink></td>
        </tr>
        <tr>
            <td> 
            </td>
        </tr>
        <tr>
            <td>
                <asp:Image ID="Image7" runat="server" ImageUrl="~
/images/LuVred.png" />用户管理</td>
        </tr>
        <tr>
            <td>
                 <asp:Image ID="Image8" runat="server" ImageUrl="~
/images/LuArrow.gif" />
                <asp:HyperLink ID="HyperLink5" runat="server" Text="用户
增加" NavigateUrl="userAdd.aspx" Target="rightFrame"></asp:HyperLink></td>
        </tr>
        <tr>
            <td>
                 <asp:Image ID="Image9" runat="server" ImageUrl="~
/images/LuArrow.gif" />
                <asp:HyperLink ID="HyperLink6" runat="server" Text="用户
维护" NavigateUrl="userSelect.aspx" Target="rightFrame"></asp:HyperLink></td>
        </tr>
        <tr>
            <td> 
            </td>
        </tr>
        <tr>
            <td>
                <asp:Image ID="Image10" runat="server" ImageUrl="~
/images/LuVblue.png" />当前用户</td>
        </tr>
        <tr>
            <td>
                 <asp:Image ID="Image11" runat="server"
ImageUrl="~/images/LuArrow.gif" />
```

```
            <asp:HyperLink ID="HyperLink7" runat="server" Text="密码
设置" NavigateUrl="userSetPwd.aspx" Target="rightFrame"></asp:HyperLink></td>
        </tr>
        <tr>
            <td>
                 <asp:Image ID="Image12" runat="server"
ImageUrl="~/images/LuArrow.gif" />
                <asp:HyperLink ID="HyperLink8" runat="server" Text="安全
退出" NavigateUrl="logout.aspx" Target="_top"></asp:HyperLink></td>
        </tr>
        <tr>
            <td> 
            </td>
        </tr>
        <tr>
            <td bgcolor="#66CCFF"> 
            </td>
        </tr>
    </table>
    </div>
    </form>
</body>
</html>
```

页面 Load 事件的方法代码如下：

```
protected void Page_Load(object sender, EventArgs e)
{
    if ((string)Session["usertype"] != "系统管理员" &&
(string)Session["usertype"] != "普通用户")
    {
        Response.Redirect("noAuthority.aspx");
    }
}
```

3. home.aspx 页面

home.aspx 页面用于显示一张欢迎图片，其实是系统工作区的初始界面。该页面的代码如下：

```
<%@ Page Language="C#" AutoEventWireup="true" CodeFile="home.aspx.cs"
Inherits="home" %>
<!DOCTYPE html PUBLIC "-//W3C//DTD XHTML 1.0 Transitional//EN"
"http://www.w3.org/TR/xhtml1/DTD/xhtml1-transitional.dtd">
<html xmlns="http://www.w3.org/1999/xhtml">
<head runat="server">
    <title>人事管理</title>
    <link href="stylesheet.css" rel="stylesheet" type="text/css" />
</head>
<body>
    <form id="form1" runat="server">
    <div>
        <table style="width:500px;" align="center">
            <tr>
```

```
                <td align="center" height="180px"> 
                    </td>
            </tr>
            <tr>
                <td align="center">
                    <asp:Image ID="Image1" runat="server" ImageUrl="~
/images/welcome.png" />
                </td>
            </tr>
            <tr>
                <td align="center" height="180px"> 
                    </td>
            </tr>
            <tr>
                <td align="center">
                    <hr /></td>
            </tr>
            <tr>
                <td align="center">
                    <font color="#330033">Copyright &copy;All Rights
Reserved.</font></td>
            </tr>
        </table>
    </div>
    </form>
</body>
</html>
```

4. noAuthority.aspx 页面

noAuthority.aspx 页面主要用于显示"您无此操作权限"的信息。该页面的代码如下：

```
<%@ Page Language="C#" AutoEventWireup="true"
CodeFile="noAuthority.aspx.cs" Inherits="noAuthority" %>
<!DOCTYPE html PUBLIC "-//W3C//DTD XHTML 1.0 Transitional//EN"
"http://www.w3.org/TR/xhtml1/DTD/xhtml1-transitional.dtd">
<html xmlns="http://www.w3.org/1999/xhtml">
<head runat="server">
    <title>操作信息</title>
    <link rel="stylesheet" href="./stylesheet.css"
type="text/css"></link>
</head>
<body>
    <form id="form1" runat="server">
    <div>
        <asp:Image ID="Image1" runat="server" ImageUrl="~
/images/LuVred.png" />
        <asp:Label ID="Label1" runat="server" Text="您无此操作权限！"
ForeColor="Red"></asp:Label>
    </div>
    </form>
</body>
</html>
```

8.3.6 当前用户功能的实现

当前用户功能仅针对当前用户(系统管理员或普通用户)自身,可由当前用户根据需要随时执行。在本系统中,当前用户功能共有两项,即密码设置与安全退出。其中,密码设置功能用于设置或更改当前用户的登录密码,安全退出功能用于清除当前用户的有关信息并退出系统。

1. 密码设置

在系统主界面中单击"密码设置"链接,将打开如图 8-8 所示的"密码设置"页面。在其中输入欲设置的密码后,再单击"确定"按钮,若显示如图 8-9 所示的"操作成功"页面,则表明已成功完成密码的设置或更改。反之,若显示如图 8-10 所示的"操作失败"页面,则表明未能完成密码的设置或更改。

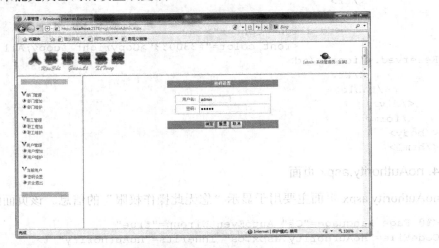

图 8-8 "密码设置"页面

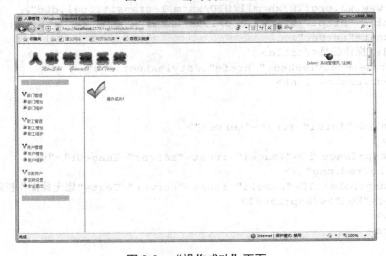

图 8-9 "操作成功"页面

第 8 章 ASP.NET 应用案例

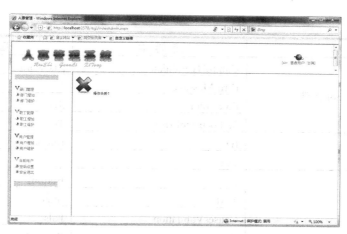

图 8-10 "操作失败"页面

密码设置功能的实现过程如下所述。

(1) 在站点根目录下创建一个新的 ASP.NET 页面 userSetPwd.aspx。
界面设计：
① 添加对 stylesheet.css 的引用。为此，可在页面的 head 部分添加以下代码：
`<link href="stylesheet.css" rel="stylesheet" type="text/css" />`

② 在页面中添加 HTML 表格，并在其中添加相应的内容或控件(如图 8-11 所示)。各有关控件及其主要属性的设置如表 8-8 所示。

图 8-11 userSetPwd.aspx 页面的控件

表 8-8 有关控件及其主要属性设置

控 件	属 性 名	属 性 值
Label 控件	Text	密码设置
	Font-Bold	True
	ForeColor	White
TextBox 控件	ID	username
	Columns	10
	MaxLength	10
	ReadOnly	True
TextBox 控件	ID	password
	Columns	20
	MaxLength	20
	TextMode	Password

续表

控件	属性名	属性值
RequiredFieldValidator 控件	ControlToValidate	password
	ErrorMessage	*
	ForeColor	Red
	SetFocusOnError	True
Button 控件	ID	Button1
	Text	确定
Button 控件	ID	Button2
	Text	重置
	CausesValidation	False
Button 控件	ID	Button3
	Text	取消
	CausesValidation	False

程序代码：

① 添加对有关命名空间的引用。

```
using System.Configuration;
using System.Data;
using System.Data.SqlClient;
```

② 定义页面级的变量。

```
string myUsername, myPassword;
string myConnectionString, mySQL;
SqlConnection myConnection;
SqlCommand myCommand;
```

③ 编写页面 Load 事件的方法代码。

```
protected void Page_Load(object sender, EventArgs e)
{
    if ((string)Session["usertype"] != "系统管理员" && (string)Session["usertype"] != "普通用户")
    {
        Response.Redirect("noAuthority.aspx");
    }
    username.Text = Session["username"].ToString();
    password.Focus();
}
```

④ 编写"确定"按钮(Button1)的 Click 事件的方法代码。

```
protected void Button1_Click(object sender, EventArgs e)
{
    myUsername = username.Text;
    myPassword = password.Text;
    myConnectionString = ConfigurationManager.ConnectionStrings
        ["rsqlConnectionString"].ConnectionString;
```

```
myConnection = new SqlConnection(myConnectionString);
myConnection.Open();
mySQL = "UPDATE users SET password='"+myPassword+"' WHERE
   username='" + myUsername + "'";
myCommand = new SqlCommand(mySQL, myConnection);
if (myCommand.ExecuteNonQuery() > 0)
{
    Response.Redirect("success.aspx");
    Session["password"] = myPassword;
}
else
    Response.Redirect("error.aspx");
}
```

⑤ 编写"重置"按钮(Button2)的 Click 事件的方法代码。

```
protected void Button2_Click(object sender, EventArgs e)
{
    password.Text = "";
    password.Focus();
}
```

⑥ 编写"取消"按钮(Button3)的 Click 事件的方法代码。

```
protected void Button3_Click(object sender, EventArgs e)
{
    Response.Redirect("home.aspx");
}
```

(2) 在站点根目录下创建一个新的 ASP.NET 页面 success.aspx。该页面为"操作成功"页面，代码如下：

```
<%@ Page Language="C#" AutoEventWireup="true" CodeFile="success.aspx.cs"
Inherits="success" %>
<!DOCTYPE html PUBLIC "-//W3C//DTD XHTML 1.0 Transitional//EN"
"http://www.w3.org/TR/xhtml1/DTD/xhtml1-transitional.dtd">
<html xmlns="http://www.w3.org/1999/xhtml">
<head runat="server">
    <title>操作信息</title>
    <link href="stylesheet.css" rel="stylesheet" type="text/css" />
</head>
<body>
    <form id="form1" runat="server">
    <div>
        <asp:Image ID="Image1" runat="server" ImageUrl="~/images/LuRight.jpg" />
        <asp:Label ID="Label1" runat="server" ForeColor="Green" Text="操作成功！"></asp:Label>
    </div>
    </form>
</body>
</html>
```

(3) 在站点根目录下创建一个新的 ASP.NET 页面 error.aspx。该页面为"操作失败"页面，代码如下：

```
<%@ Page Language="C#" AutoEventWireup="true" CodeFile="error.aspx.cs"
Inherits="error" %>
<!DOCTYPE html PUBLIC "-//W3C//DTD XHTML 1.0 Transitional//EN"
"http://www.w3.org/TR/xhtml1/DTD/xhtml1-transitional.dtd">
<html xmlns="http://www.w3.org/1999/xhtml">
<head runat="server">
    <title>操作信息</title>
    <link href="stylesheet.css" rel="stylesheet" type="text/css" />
</head>
<body>
    <form id="form1" runat="server">
    <div>
        <asp:Image ID="Image1" runat="server" ImageUrl="~/images/LuWrong.jpg" />
        <asp:Label ID="Label1" runat="server" ForeColor="Red" Text="操作失败！"></asp:Label>
    </div>
    </form>
</body>
</html>
```

2. 安全退出

在系统主界面中单击"安全退出"链接(或"注销"链接)，将直接关闭系统的主界面，并重新打开如图 8-4 所示的"系统登录"页面。

安全退出功能的实现过程如下所述。

(1) 在站点根目录下创建一个新的 ASP.NET 页面 logout.aspx。
(2) 编写页面 Load 事件的方法代码。

```
protected void Page_Load(object sender, EventArgs e)
{
    Session["username"] = null;
    Session["password"] = null;
    Session["usertype"] = null;
    Session["yhtj"] = null;
    Session["yhlx"] = null;
    Session["zgjsfs"] = null;
    Session["zgjstj"] = null;
    Session["bmmc"] = null;
    Session.Abandon();
    Response.Redirect("login.aspx");
}
```

8.3.7　用户管理功能的实现

用户管理功能包括用户的增加与维护，而用户的维护又包括用户的查询、修改、删除与密码重置。本系统规定，用户管理功能只能由系统管理员使用。

第 8 章 ASP.NET 应用案例

1. 用户增加

在系统主界面中单击"用户增加"链接，若当前用户为普通用户，将打开相应的"您无此操作权限"页面；反之，若当前用户为系统管理员，将打开如图 8-12 所示的"用户增加"页面。在其中输入用户名并选定相应的用户类型后，再单击"确定"按钮，若能成功添加用户，将显示相应的"操作成功"页面。需要注意的是，本系统要求用户名必须唯一。若所输入的用户名已经被使用过，则在单击"确定"按钮后，会打开如图 8-13 所示的"已存在同样的用户名"对话框。

图 8-12 "用户增加"页面

图 8-13 "已存在同样的用户名"对话框

用户增加功能的实现过程如下所述。

(1) 在站点根目录下创建一个新的 ASP.NET 页面 userAdd.aspx。

(2) 设计操作界面。

① 添加对 stylesheet.css 的引用。为此，可在页面的 head 部分添加以下代码：

```
<link href="stylesheet.css" rel="stylesheet" type="text/css" />
```

② 在页面中添加 HTML 表格，并在其中添加相应的内容或控件(如图 8-14 所示)。各有关控件及其主要属性的设置如表 8-9 所示。

图 8-14 userAdd.aspx 页面的控件

表 8-9 有关控件及其主要属性设置

控 件	属 性 名	属 性 值
Label 控件	Text	用户增加
	Font-Bold	True
	ForeColor	White
TextBox 控件	ID	username
	Columns	10
	MaxLength	10
RequiredFieldValidator 控件	ControlToValidate	username
	ErrorMessage	*
	ForeColor	Red
	SetFocusOnError	True
DropDownList 控件	ID	usertype
	Items	通过 ListItem 集合编辑器添加各个选项(即"系统管理员"与"普通用户")并设置其有关属性(如图 8-15 所示)
Button 控件	ID	Button1
	Text	确定
Button 控件	ID	Button2
	Text	重置
	CausesValidation	False
Button 控件	ID	Button3
	Text	取消
	CausesValidation	False

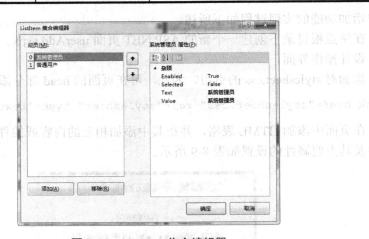

图 8-15 ListItem 集合编辑器

(3) 编写程序代码。

① 添加对有关命名空间的引用。

```csharp
using System.Configuration;
using System.Data;
using System.Data.SqlClient;
```

② 定义页面级的变量。

```csharp
string myUsername, myUsertype, myPassword;
string myConnectionString, mySQL;
SqlConnection myConnection;
SqlCommand myCommand;
SqlDataReader myDataReader;
```

③ 编写页面 Load 事件的方法代码。

```csharp
protected void Page_Load(object sender, EventArgs e)
{
    if ((string)Session["usertype"] != "系统管理员")
    {
        Response.Redirect("noAuthority.aspx");
    }
}
```

④ 编写"确定"按钮(Button1)的 Click 事件的方法代码。

```csharp
protected void Button1_Click(object sender, EventArgs e)
{
    myUsername = username.Text;
    myUsertype = usertype.SelectedValue;
    myPassword = myUsername;   //新用户的密码与用户名相同
    myConnectionString = ConfigurationManager.ConnectionStrings
        ["rsglConnectionString"].ConnectionString;
    myConnection = new SqlConnection(myConnectionString);
    myConnection.Open();
    mySQL = "select * from users where username='" + myUsername + "'";
    myCommand = new SqlCommand(mySQL, myConnection);
    myDataReader = myCommand.ExecuteReader();
    if (myDataReader.HasRows)
    {
        Response.Write("<script>alert('已存在同样的用户名!')</script>");
        return;
    }
    myDataReader.Close();
    mySQL = "insert into users(username,password,usertype)";
    mySQL = mySQL + " values('" + myUsername + "','" + myPassword +
        "','" + myUsertype + "')";
    myCommand = new SqlCommand(mySQL, myConnection);
    if (myCommand.ExecuteNonQuery() > 0)
        Response.Redirect("success.aspx");
    else
        Response.Redirect("error.aspx");
}
```

⑤ 编写"重置"按钮(Button2)的 Click 事件的方法代码。

```
protected void Button2_Click(object sender, EventArgs e)
{
    username.Text = "";
    usertype.SelectedIndex = 0;
    username.Focus();
}
```

⑥ 编写"取消"按钮(Button3)的 Click 事件的方法代码。

```
protected void Button3_Click(object sender, EventArgs e)
{
    Response.Redirect("home.aspx");
}
```

2. 用户维护

在系统主界面中单击"用户维护"链接，若当前用户为普通用户，将打开相应的"您无此操作权限！"页面；反之，若当前用户为系统管理员，将打开如图 8-16 所示的"用户管理"页面。该页面以分页的方式显示出系统的有关用户记录(在此为每页显示 2 个用户记录)，并支持按用户名对系统用户进行模糊查询，同时提供了增加新用户以及对各个用户进行修改或删除操作的链接。其中，"增加"链接的作用与系统主界面中的"用户增加"链接是一样的。

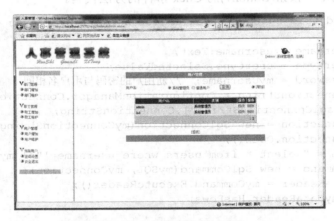

图 8-16 "用户管理"页面

- 为查询用户，只需在"用户管理"页面的"用户名"文本框中输入相应的查询条件，并选中"系统管理员"或"普通用户"单选按钮，然后再单击"查询"按钮即可(如图 8-17 所示)。
- 为修改用户，只需在用户列表中单击相应用户后的"修改"链接，打开如图 8-18 所示的"用户修改"页面，并在其中进行相应的修改，最后再单击"确定"按钮即可。注意，用户名是不能修改的。此外，若选中"密码"处的"重置"复选框，则可重置用户的密码。为简单起见，在本系统中，重置密码就是将指定用户的密码修改为用户名本身。

第 8 章 ASP.NET 应用案例

图 8-17 "用户管理"页面

图 8-18 "用户修改"页面

- 为删除用户，只需在用户列表中单击相应用户后的"删除"链接，打开如图 8-19 所示的"用户删除"页面，然后再单击"确定"按钮即可。注意，内置系统管理员用户 admin 是不能删除的。

图 8-19 "用户删除"页面

用户维护功能的实现过程如下所述。
(1) 在站点根目录下创建一个新的 ASP.NET 页面 userSelect.aspx。
界面设计：
① 添加对 stylesheet.css 的引用。为此，可在页面的 head 部分添加以下代码：
`<link href="stylesheet.css" rel="stylesheet" type="text/css" />`

② 在页面中添加 HTML 表格，并在其中添加相应的内容或控件(如图 8-20 所示)。各有关控件及其主要属性的设置如表 8-10 所示。

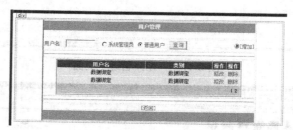

图 8-20　userSelect.aspx 页面的控件

表 8-10　有关控件及其主要属性设置

控　件	属　性　名	属　性　值
Label 控件	Text	用户管理
	Font-Bold	True
	ForeColor	White
TextBox 控件	ID	username
	Columns	10
RadioButtonList 控件	ID	usertype
	Items	通过 ListItem 集合编辑器添加各个选项(即"系统管理员"与"普通用户")并设置其有关属性(如图 8-21 所示)
	RepeatDirection	Horizontal
Button 控件	ID	Button1
	Text	查询
Image 控件	ImageUrl	~/Images/LuArrow.gif
	ImageAlign	AbsMiddle
HyperLink 控件	Text	[增加]
	NavigateUrl	~/userAdd.aspx
GridView 控件	ID	GridView1
	AllowPaging	True
	AutoGenerateColumns	False
	DataKeyNames	Username
	PageSize	2
HyperLink 控件	Text	[返回]
	NavigateUrl	~/home.aspx

图 8-21 ListItem 集合编辑器

③ 选中 GridView1 控件,打开其 GridView 任务栏,选用某种预定义格式后,再单击"编辑列"链接,打开"字段"对话框(如图 8-22 所示),然后依次添加相应类别的字段(在此为 BoundField 与 HyperLinkField),并设置好各个字段的有关属性与先后次序(如表 8-11 所示),最后再单击"确定"按钮,关闭"字段"对话框。

图 8-22 "字段"对话框

表 8-11 有关字段及其主要属性设置

序 号	类 别	属 性 名	属 性 值
1	BoundField	DataField	username
		HeaderText	用户名
2	BoundField	DataField	password
		HeaderText	密码
		Visible	False
3	BoundField	DataField	usertype
		HeaderText	类别

续表

序号	类别	属性名	属性值
4	HyperLinkField	DataNavigateUrlFields	username
		DataNavigateUrlFormatString	userUpdate.aspx?username={0}
		HeaderText	操作
		Text	修改
5	HyperLinkField	DataNavigateUrlFields	username
		DataNavigateUrlFormatString	userDelete.aspx?username={0}
		HeaderText	操作
		Text	删除

程序代码：

① 添加对有关命名空间的引用。

```
using System.Configuration;
using System.Data;
using System.Data.SqlClient;
```

② 定义页面级的变量。

```
string myConnectionString, mySQL;
SqlConnection myConnection;
SqlDataAdapter myDataAdapter;
DataSet myDataSet;
```

③ 编写自定义方法Bind的代码。

```
public void Bind()
{
    myConnectionString = ConfigurationManager.ConnectionStrings
        ["rsglConnectionString"].ConnectionString;
    myConnection = new SqlConnection(myConnectionString);
    myConnection.Open();
    mySQL = "select * from users";
    mySQL += " where username like '%" + username.Text + "%'";
    mySQL += " and usertype='" + usertype.SelectedValue + "'";
    mySQL += " order by username";
    myDataAdapter = new SqlDataAdapter(mySQL, myConnection);
    myDataSet = new DataSet();
    myDataAdapter.Fill(myDataSet);
    GridView1.DataSource = myDataSet;
    GridView1.DataBind();
    myConnection.Close();
}
```

④ 编写页面Load事件的方法代码。

```
protected void Page_Load(object sender, EventArgs e)
{
    if ((string)Session["usertype"] != "系统管理员")
```

```
        {
            Response.Redirect("noAuthority.aspx");
        }
        if (!IsPostBack)
        {
            if (Session["yhtj"] != null)
            {
                username.Text = Session["yhtj"].ToString();
            }
            if (Session["yhlx"] != null)
            {
                usertype.SelectedValue = Session["yhlx"].ToString();
            }
            Bind();
        }
    }
```

⑤ 编写"查询"按钮(Button1)的 Click 事件的方法代码。

```
protected void Button1_Click(object sender, EventArgs e)
{
    Session["yhtj"] = username.Text;
    Session["yhlx"] = usertype.SelectedValue;
    Bind();
}
```

⑥ 编写 GridView1 控件的 PageIndexChanging 事件的方法代码。

```
protected void GridView1_PageIndexChanging(object sender, GridViewPageEventArgs e)
{
    GridView1.PageIndex = e.NewPageIndex;
    Bind();
}
```

(2) 在站点根目录下创建一个新的 ASP.NET 页面 userUpdate.aspx。

界面设计：

① 添加对 stylesheet.css 的引用。为此，可在页面的 head 部分添加以下代码：

`<link href="stylesheet.css" rel="stylesheet" type="text/css" />`

② 在页面中添加 HTML 表格，并在其中添加相应的内容或控件(如图 8-23 所示)。各有关控件及其主要属性的设置如表 8-12 所示。

图 8-23　userUpdate.aspx 页面的控件

表 8-12 有关控件及其主要属性设置

控 件	属 性 名	属 性 值
Label 控件	Text	用户修改
	Font-Bold	True
	ForeColor	White
TextBox 控件	ID	username
	Columns	10
	MaxLength	10
	ReadOnly	True
TextBox 控件	ID	password
	Columns	20
	MaxLength	20
	TextMode	Password
	Visible	False
CheckBox 控件	ID	resetpwd
	Text	重置
RadioButtonList 控件	ID	usertype
	Items	通过 ListItem 集合编辑器添加各个选项(即"系统管理员"与"普通用户")并设置其有关属性(如图 8-21 所示)
	RepeatDirection	Horizontal
Button 控件	ID	Button1
	Text	确定
Button 控件	ID	Button2
	Text	取消

程序代码：

① 添加对有关命名空间的引用。

```
using System.Configuration;
using System.Data;
using System.Data.SqlClient;
```

② 定义页面级的变量。

```
string myUsername, myPassword, myUsertype;
string myConnectionString, mySQL;
SqlConnection myConnection;
SqlCommand myCommand;
SqlDataReader myDataReader;
```

③ 编写页面 Load 事件的方法代码。

```
protected void Page_Load(object sender, EventArgs e)
```

```csharp
{
    if ((string)Session["usertype"] != "系统管理员")
    {
        Response.Redirect("noAuthority.aspx");
    }
    if (!IsPostBack)
    {
        myUsername = Request.QueryString["username"];
        myConnectionString = ConfigurationManager.ConnectionStrings
            ["rsglConnectionString"].ConnectionString;
        myConnection = new SqlConnection(myConnectionString);
        myConnection.Open();
        mySQL = "select * from users where username='" + myUsername + "'";
        myCommand = new SqlCommand(mySQL, myConnection);
        myDataReader = myCommand.ExecuteReader();
        myDataReader.Read();
        username.Text = myDataReader["username"].ToString();
        password.Text = myDataReader["password"].ToString();
        usertype.SelectedValue = myDataReader["usertype"].ToString();
        if (username.Text.Trim() == Session["username"].ToString())
        //当前管理员不能重置密码
        {
            resetpwd.Enabled = false;
        }
        if (username.Text.Trim() == "admin")    //默认管理员不能更改类别
        {
            usertype.Enabled = false;
        }
        myDataReader.Close();
        myConnection.Close();
    }
}
```

④ 编写"确定"按钮(Button1)的 Click 事件的方法代码。

```csharp
protected void Button1_Click(object sender, EventArgs e)
{
    myUsername = username.Text;
    myPassword = password.Text;
    if (resetpwd.Checked)
        myPassword = myUsername;
    myUsertype = usertype.SelectedValue;
    myConnectionString = ConfigurationManager.ConnectionStrings
        ["rsglConnectionString"].ConnectionString;
    myConnection = new SqlConnection(myConnectionString);
    myConnection.Open();
    mySQL = "update users set password='" + myPassword +
        "',usertype='" + myUsertype + "'";
    mySQL += " where username='" + myUsername + "'";
    myCommand = new SqlCommand(mySQL, myConnection);
    myCommand.ExecuteNonQuery();
```

```
        myConnection.Close();
        Response.Redirect("userSelect.aspx");
}
```

⑤ 编写"取消"按钮(Button2)的 Click 事件的方法代码。

```
protected void Button2_Click(object sender, EventArgs e)
{
        Response.Redirect("userSelect.aspx");
}
```

(3) 在站点根目录下创建一个新的 ASP.NET 页面 userDelete.aspx。

界面设计：

① 添加对 stylesheet.css 的引用。为此，可在页面的 head 部分添加以下代码：

```
<link href="stylesheet.css" rel="stylesheet" type="text/css" />
```

② 在页面中添加 HTML 表格，并在其中添加相应的内容或控件(如图 8-24 所示)。各有关控件及其主要属性的设置如表 8-13 所示。

图 8-24 userDelete.aspx 页面的控件

表 8-13 有关控件及其主要属性设置

控 件	属 性 名	属 性 值
Label 控件	Text	用户删除
	Font-Bold	True
	ForeColor	White
TextBox 控件	ID	username
	Columns	10
	MaxLength	10
	ReadOnly	True
TextBox 控件	ID	password
	Columns	20
	MaxLength	20
	TextMode	Password
	Visible	False
	ReadOnly	True

续表

控 件	属 性 名	属 性 值
RadioButtonList 控件	ID	usertype
	Items	通过 ListItem 集合编辑器添加各个选项(即"系统管理员"与"普通用户")并设置其有关属性(如图 8-21 所示)
	RepeatDirection	Horizontal
	Enabled	False
Button 控件	ID	Button1
	Text	确定
Button 控件	ID	Button2
	Text	取消

程序代码:

① 添加对有关命名空间的引用。

```
using System.Configuration;
using System.Data;
using System.Data.SqlClient;
```

② 定义页面级的变量。

```
string myUsername;
string myConnectionString, mySQL;
SqlConnection myConnection;
SqlCommand myCommand;
SqlDataReader myDataReader;
```

③ 编写页面 Load 事件的方法代码。

```
protected void Page_Load(object sender, EventArgs e)
{
    if ((string)Session["usertype"] != "系统管理员")
    {
        Response.Redirect("noAuthority.aspx");
    }
    if (!IsPostBack)
    {
        myUsername = Request.QueryString["username"];
        myConnectionString = ConfigurationManager.ConnectionStrings
            ["rsglConnectionString"].ConnectionString;
        myConnection = new SqlConnection(myConnectionString);
        myConnection.Open();
        mySQL = "select * from users where username='" + myUsername + "'";
        myCommand = new SqlCommand(mySQL, myConnection);
        myDataReader = myCommand.ExecuteReader();
        myDataReader.Read();
        username.Text = myDataReader["username"].ToString();
        password.Text = myDataReader["password"].ToString();
```

```
        usertype.SelectedValue = myDataReader["usertype"].ToString();
        if (username.Text.Trim()=="admin")    //默认管理员禁止删除！
        {
            //Button1.Visible = false;
            Button1.Enabled = false;
        }
        myDataReader.Close();
        myConnection.Close();
    }
```

④ 编写"确定"按钮(Button1)的 Click 事件的方法代码。

```
protected void Button1_Click(object sender, EventArgs e)
{
    myUsername = username.Text;
    myConnectionString = ConfigurationManager.ConnectionStrings
        ["rsglConnectionString"].ConnectionString;
    myConnection = new SqlConnection(myConnectionString);
    myConnection.Open();
    mySQL = "delete from users";
    mySQL += " where username='" + myUsername + "'";
    myCommand = new SqlCommand(mySQL, myConnection);
    myCommand.ExecuteNonQuery();
    myConnection.Close();
    Response.Redirect("userSelect.aspx");
}
```

⑤ 编写"取消"按钮(Button2)的 Click 事件的方法代码。

```
protected void Button2_Click(object sender, EventArgs e)
{
    Response.Redirect("userSelect.aspx");
}
```

8.3.8 部门管理功能的实现

部门管理功能包括部门的增加与维护，而部门的维护又包括部门的查询、修改与删除。本系统规定，部门管理功能只能由系统管理员使用。

1. 部门增加

在系统主界面中单击"部门增加"链接，若当前用户为普通用户，将打开相应的"您无此操作权限"页面；反之，若当前用户为系统管理员，将打开如图 8-25 所示的"部门增加"页面。在其中输入部门的编号与名称后，再单击"确定"按钮，若能成功添加部门，将显示相应的"操作成功"页面。需要注意的是，本系统要求部门编号必须唯一。若所输入的部门编号已经被使用过了，则在单击"确定"按钮后，会打开如图 8-26 所示的"已存在同样的部门编号"对话框。

第 8 章　ASP.NET 应用案例

图 8-25　"部门增加"页面

部门增加功能的实现过程如下所述。

(1) 在站点根目录下创建一个新的 ASP.NET 页面 bmAdd.aspx。
(2) 设计操作界面。

① 添加对 stylesheet.css 的引用。为此，可在页面的 head 部分添加以下代码：

`<link href="stylesheet.css" rel="stylesheet" type="text/css" />`

② 在页面中添加 HTML 表格，并在其中添加相应的内容或控件(如图 8-27 所示)。各有关控件及其主要属性的设置如表 8-14 所示。

图 8-26　"已存在同样的部门编号"对话框

图 8-27　bmAdd.aspx 页面的控件

表 8-14　有关控件及其主要属性设置

控　件	属　性　名	属　性　值
Label 控件	Text	部门增加
	Font-Bold	True
	ForeColor	White
TextBox 控件	ID	bmbh
	Columns	2
	MaxLength	2
RequiredFieldValidator 控件	ControlToValidate	bmbh
	ErrorMessage	*
	ForeColor	Red
	SetFocusOnError	True

续表

控件	属性名	属性值
TextBox 控件	ID	bmmc
	Columns	20
	MaxLength	20
RequiredFieldValidator 控件	ControlToValidate	bmmc
	ErrorMessage	*
	ForeColor	Red
	SetFocusOnError	True
Button 控件	ID	Button1
	Text	确定
Button 控件	ID	Button2
	Text	取消
	CausesValidation	False

(3) 编写程序代码。

① 添加对有关命名空间的引用。

```
using System.Configuration;
using System.Data;
using System.Data.SqlClient;
```

② 定义页面级的变量。

```
string myBmbh, myBmmc;
string myConnectionString, mySQL;
SqlConnection myConnection;
SqlCommand myCommand;
SqlDataReader myDataReader;
```

③ 编写页面 Load 事件的方法代码。

```
protected void Page_Load(object sender, EventArgs e)
{
    if ((string)Session["usertype"] != "系统管理员")
    {
        Response.Redirect("noAuthority.aspx");
    }
}
```

④ 编写"确定"按钮(Button1)的 Click 事件的方法代码。

```
protected void Button1_Click(object sender, EventArgs e)
{
    myBmbh = bmbh.Text;
    myBmmc = bmmc.Text;
    myConnectionString = ConfigurationManager.ConnectionStrings
        ["rsqlConnectionString"].ConnectionString;
```

```
myConnection = new SqlConnection(myConnectionString);
myConnection.Open();
mySQL = "select * from bmb where bmbh='" + myBmbh + "'";
myCommand = new SqlCommand(mySQL, myConnection);
myDataReader = myCommand.ExecuteReader();
if (myDataReader.HasRows)
{
    Response.Write("<script>alert('已存在同样的部门编号!')</script>");
    return;
}
myDataReader.Close();
mySQL = "insert into bmb(bmbh, bmmc)";
mySQL += " values('" + myBmbh + "','" + myBmmc + "')";
myCommand = new SqlCommand(mySQL, myConnection);
if (myCommand.ExecuteNonQuery() > 0)
    Response.Redirect("success.aspx");
else
    Response.Redirect("error.aspx");
}
```

⑤ 编写"取消"按钮(Button2)的 Click 事件的方法代码。

```
protected void Button3_Click(object sender, EventArgs e)
{
    Response.Redirect("home.aspx");
}
```

2. 部门维护

在系统主界面中单击"部门维护"链接，若当前用户为普通用户，将打开相应的"您无此操作权限！"页面；反之，若当前用户为系统管理员，将打开如图 8-28 所示的"部门管理"页面。该页面以分页的方式显示出系统的有关部门记录(在此为每页显示 2 个部门记录)，并支持按名称对部门进行模糊查询，同时提供了增加新部门以及对各个部门进行删除或修改操作的链接。其中，"增加"链接的作用与系统主界面中的"部门增加"链接是一样的。

图 8-28 "部门管理"页面

- 为查询部门，只需在"部门管理"页面的"名称"文本框中输入相应的查询条件，然后再单击"查询"按钮即可(如图 8-29 所示)。

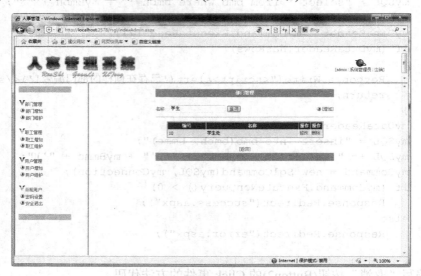

图 8-29 "部门管理"页面

- 为修改部门，只需在部门列表中单击相应部门后的"修改"链接，打开如图 8-30 所示的"部门修改"页面，并在其中进行相应的修改，最后再单击"确定"按钮即可。注意，部门的编号是不能修改的。
- 为删除部门，只需在部门列表中单击相应部门后的"删除"链接，打开如图 8-31 所示的"部门删除"页面，然后再单击"确定"按钮即可。

图 8-30 "部门修改"页面

第 8 章 ASP.NET 应用案例

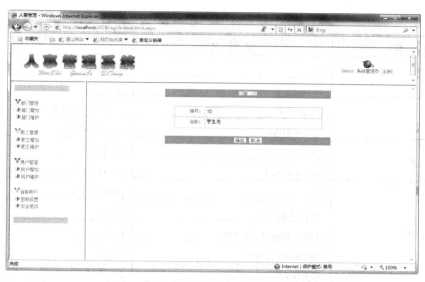

图 8-31 "部门删除"页面

部门维护功能的实现过程如下所述。

(1) 在站点根目录下创建一个新的 ASP.NET 页面 bmSelect.aspx。

界面设计：

① 添加对 stylesheet.css 的引用。为此，可在页面的 head 部分添加以下代码：

```
<link href="stylesheet.css" rel="stylesheet" type="text/css" />
```

② 在页面中添加 HTML 表格，并在其中添加相应的内容或控件(如图 8-32 所示)。各有关控件及其主要属性的设置如表 8-15 所示。

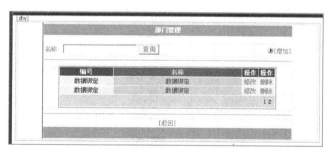

图 8-32 bmSelect.aspx 页面的控件

表 8-15 有关控件及其主要属性设置

控件	属性名	属性值
Label 控件	Text	部门管理
	Font-Bold	True
	ForeColor	White
TextBox 控件	ID	bmmc
	Columns	20

续表

控 件	属 性 名	属 性 值
Button 控件	ID	Button1
	Text	查询
Image 控件	ImageUrl	~/Images/LuArrow.gif
	ImageAlign	AbsMiddle
HyperLink 控件	Text	[增加]
	NavigateUrl	~/bmAdd.aspx
GridView 控件	ID	GridView1
	AllowPaging	True
	AutoGenerateColumns	False
	DataKeyNames	bmbh
	PageSize	2
HyperLink 控件	Text	[返回]
	NavigateUrl	~/home.aspx

③ 选中 GridView1 控件，打开其 GridView 任务栏，选用某种预定义格式后，再单击"编辑列"链接，打开"字段"对话框(如图 8-33 所示)，然后依次添加相应类别的字段(在此为 BoundField 与 HyperLinkField)，并设置好各个字段的有关属性与先后次序(如表 8-16 所示)，最后再单击"确定"按钮，关闭"字段"对话框。

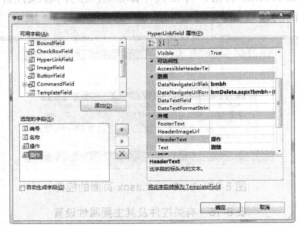

图 8-33 "字段"对话框

表 8-16 有关字段及其主要属性设置

序 号	类 别	属 性 名	属 性 值
1	BoundField	DataField	bmbh
		HeaderText	编号

续表

序号	类别	属性名	属性值
2	BoundField	DataField	bmmc
		HeaderText	名称
3	HyperLinkField	DataNavigateUrlFields	bmbh
		DataNavigateUrlFormatString	bmUpdate.aspx?bmbh={0}
		HeaderText	操作
		Text	修改
4	HyperLinkField	DataNavigateUrlFields	bmbh
		DataNavigateUrlFormatString	bmDelete.aspx?bmbh={0}
		HeaderText	操作
		Text	删除

程序代码：

① 添加对有关命名空间的引用。

```
using System.Configuration;
using System.Data;
using System.Data.SqlClient;
```

② 定义页面级的变量。

```
string myConnectionString, mySQL;
SqlConnection myConnection;
SqlDataAdapter myDataAdapter;
DataSet myDataSet;
```

③ 编写自定义方法 Bind 的代码。

```
public void Bind()
{
    myConnectionString = ConfigurationManager.ConnectionStrings
        ["rsglConnectionString"].ConnectionString;
    myConnection = new SqlConnection(myConnectionString);
    myConnection.Open();
    mySQL = "select * from bmb";
    mySQL += " where bmmc like '%" + bmmc.Text + "%'";
    mySQL += " order by bmbh";
    myDataAdapter = new SqlDataAdapter(mySQL, myConnection);
    myDataSet = new DataSet();
    myDataAdapter.Fill(myDataSet);
    GridView1.DataSource = myDataSet;
    GridView1.DataBind();
    myConnection.Close();
}
```

④ 编写页面 Load 事件的方法代码。

```
protected void Page_Load(object sender, EventArgs e)
{
    if ((string)Session["usertype"] != "系统管理员")
    {
        Response.Redirect("noAuthority.aspx");
    }
    if (!IsPostBack)
    {
        if (Session["bmmc"] != null)
        {
            bmmc.Text = Session["bmmc"].ToString();
        }
        Bind();
    }
}
```

⑤ 编写"查询"按钮(Button1)的 Click 事件的方法代码。

```
protected void Button1_Click(object sender, EventArgs e)
{
    Session["bmmc"] = bmmc.Text;
    Bind();
}
```

⑥ 编写 GridView1 控件的 PageIndexChanging 事件的方法代码。

```
protected void GridView1_PageIndexChanging(object sender,
    GridViewPageEventArgs e)
{
    GridView1.PageIndex = e.NewPageIndex;
    Bind();
}
```

(2) 在站点根目录下创建一个新的 ASP.NET 页面 bmUpdate.aspx。

界面设计：

① 添加对 stylesheet.css 的引用。为此，可在页面的 head 部分添加以下代码：

`<link href="stylesheet.css" rel="stylesheet" type="text/css" />`

② 在页面中添加 HTML 表格，并在其中添加相应的内容或控件(如图 8-34 所示)。各有关控件及其主要属性的设置如表 8-17 所示。

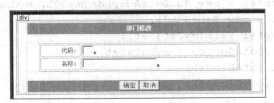

图 8-34 bmUpdate.aspx 页面的控件

第 8 章 ASP.NET 应用案例

表 8-17 有关控件及其主要属性设置

控 件	属 性 名	属 性 值
Label 控件	Text	部门修改
	Font-Bold	True
	ForeColor	White
TextBox 控件	ID	bmbh
	Columns	2
	MaxLength	2
	ReadOnly	True
RequiredFieldValidator 控件	ControlToValidate	bmbh
	ErrorMessage	*
	ForeColor	Red
	SetFocusOnError	True
TextBox 控件	ID	bmmc
	Columns	20
	MaxLength	20
RequiredFieldValidator 控件	ControlToValidate	bmmc
	ErrorMessage	*
	ForeColor	Red
	SetFocusOnError	True
Button 控件	ID	Button1
	Text	确定
Button 控件	ID	Button2
	Text	取消
	CausesValidation	False

程序代码：

① 添加对有关命名空间的引用。

```
using System.Configuration;
using System.Data;
using System.Data.SqlClient;
```

② 定义页面级的变量。

```
string myBmbh, myBmmc;
string myConnectionString, mySQL;
SqlConnection myConnection;
SqlCommand myCommand;
SqlDataReader myDataReader;
```

③ 编写页面 Load 事件的方法代码。

```
protected void Page_Load(object sender, EventArgs e)
```

```
{
    if ((string)Session["usertype"] != "系统管理员")
    {
        Response.Redirect("noAuthority.aspx");
    }
    if (!IsPostBack)
    {
        myBmbh = Request.QueryString["bmbh"];
        myConnectionString = ConfigurationManager.ConnectionStrings
            ["rsglConnectionString"].ConnectionString;
        myConnection = new SqlConnection(myConnectionString);
        myConnection.Open();
        mySQL = "select * from bmb where bmbh='" + myBmbh + "'";
        myCommand = new SqlCommand(mySQL, myConnection);
        myDataReader = myCommand.ExecuteReader();
        myDataReader.Read();
        bmbh.Text = myDataReader["bmbh"].ToString();
        bmmc.Text = myDataReader["bmmc"].ToString();
        myDataReader.Close();
        myConnection.Close();
    }
}
```

④ 编写"确定"按钮(Button1)的 Click 事件的方法代码。

```
protected void Button1_Click(object sender, EventArgs e)
{
    myBmbh = bmbh.Text;
    myBmmc = bmmc.Text;
    myConnectionString = ConfigurationManager.ConnectionStrings
        ["rsglConnectionString"].ConnectionString;
    myConnection = new SqlConnection(myConnectionString);
    myConnection.Open();
    mySQL = "update bmb set bmmc='" + myBmmc + "'";
    mySQL += " where bmbh='" + myBmbh + "'";
    myCommand = new SqlCommand(mySQL, myConnection);
    myCommand.ExecuteNonQuery();
    myConnection.Close();
    Response.Redirect("bmSelect.aspx");
}
```

⑤ 编写"取消"按钮(Button2)的 Click 事件的方法代码。

```
protected void Button2_Click(object sender, EventArgs e)
{
    Response.Redirect("bmSelect.aspx");
}
```

(3) 在站点根目录下创建一个新的 ASP.NET 页面 bmDelete.aspx。

界面设计：

① 添加对 stylesheet.css 的引用。为此，可在页面的 head 部分添加以下代码：

```
<link href="stylesheet.css" rel="stylesheet" type="text/css" />
```

② 在页面中添加 HTML 表格，并在其中添加相应的内容或控件(如图 8-35 所示)。各有关控件及其主要属性的设置如表 8-18 所示。

图 8-35 bmDelete.aspx 页面的控件

表 8-18 有关控件及其主要属性设置

控 件	属 性 名	属 性 值
Label 控件	Text	部门删除
	Font-Bold	True
	ForeColor	White
TextBox 控件	ID	bmbh
	Columns	2
	MaxLength	2
	ReadOnly	True
TextBox 控件	ID	bmmc
	Columns	20
	MaxLength	20
	ReadOnly	True
Button 控件	ID	Button1
	Text	确定
Button 控件	ID	Button2
	Text	取消

程序代码：

① 添加对有关命名空间的引用。

```
using System.Configuration;
using System.Data;
using System.Data.SqlClient;
```

② 定义页面级的变量。

```
string myBmbh;
string myConnectionString, mySQL;
SqlConnection myConnection;
SqlCommand myCommand;
SqlDataReader myDataReader;
```

③ 编写页面 Load 事件的方法代码。

```csharp
protected void Page_Load(object sender, EventArgs e)
{
    if ((string)Session["usertype"] != "系统管理员")
    {
        Response.Redirect("noAuthority.aspx");
    }
    if (!IsPostBack)
    {
        myBmbh = Request.QueryString["bmbh"];
        myConnectionString = ConfigurationManager.ConnectionStrings
            ["rsqlConnectionString"].ConnectionString;
        myConnection = new SqlConnection(myConnectionString);
        myConnection.Open();
        mySQL = "select * from bmb where bmbh='" + myBmbh + "'";
        myCommand = new SqlCommand(mySQL, myConnection);
        myDataReader = myCommand.ExecuteReader();
        myDataReader.Read();
        bmbh.Text = myDataReader["bmbh"].ToString();
        bmmc.Text = myDataReader["bmmc"].ToString();
        myDataReader.Close();
        myConnection.Close();
    }
}
```

④ 编写"确定"按钮(Button1)的 Click 事件的方法代码。

```csharp
protected void Button1_Click(object sender, EventArgs e)
{
    myBmbh = bmbh.Text;
    myConnectionString = ConfigurationManager.ConnectionStrings
        ["rsqlConnectionString"].ConnectionString;
    myConnection = new SqlConnection(myConnectionString);
    myConnection.Open();
    mySQL = "delete from bmb where bmbh='" + myBmbh + "'";
    myCommand = new SqlCommand(mySQL, myConnection);
    myCommand.ExecuteNonQuery();
    myConnection.Close();
    Response.Redirect("bmSelect.aspx");
}
```

⑤ 编写"取消"按钮(Button2)的 Click 事件的方法代码。

```csharp
protected void Button2_Click(object sender, EventArgs e)
{
    Response.Redirect("bmSelect.aspx");
}
```

8.3.9 职工管理功能的实现

职工管理功能包括职工的增加与维护,而职工的维护又包括职工的查询、修改与删除。本系统规定,职工管理功能可由系统管理员或普通用户使用。

1. 职工增加

在系统主界面中单击"职工增加"链接,将打开如图 8-36 所示的"职工增加"页面。在其中输入相应的职工信息后,再单击"确定"按钮,若能成功添加职工,将显示相应的"操作成功"页面。需要注意的是,本系统要求职工编号必须唯一。若所输入的职工编号已经被使用过了,则在单击"确定"按钮后,会打开如图 8-37 所示的"已存在同样的职工编号"对话框。

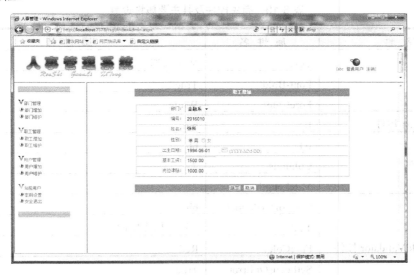

图 8-36 "职工增加"页面

图 8-37 "已存在同样的职工编号"对话框

职工增加功能的实现过程如下所述。

(1) 在站点根目录下创建一个新的 ASP.NET 页面 zgAdd.aspx。
(2) 设计操作界面。
① 添加对 stylesheet.css 的引用。为此,可在页面的 head 部分添加以下代码:

```
<link href="stylesheet.css" rel="stylesheet" type="text/css" />
```

② 在页面中添加 HTML 表格,并在其中添加相应的内容或控件(如图 8-38 所示)。各有关控件及其主要属性的设置如表 8-19 所示。

图 8-38　zgAdd.aspx 页面的控件

表 8-19　有关控件及其主要属性设置

控　件	属 性 名	属 性 值
Label 控件	Text	职工增加
	Font-Bold	True
	ForeColor	White
DropDownList 控件	ID	bm
TextBox 控件	ID	bh
	Columns	7
	MaxLength	7
RequiredFieldValidator 控件	ControlToValidate	bh
	Text	*编号不能为空!
	ForeColor	Red
	SetFocusOnError	True
	Display	Dynamic
TextBox 控件	ID	xm
	Columns	10
	MaxLength	10
RequiredFieldValidator 控件	ControlToValidate	xm
	Text	*姓名不能为空!
	ForeColor	Red
	SetFocusOnError	True
	Display	Dynamic
RadioButtonList 控件	ID	xb
	Items	通过 ListItem 集合编辑器添加各个选项(即"男"与"女")并设置其有关属性(如图 8-39 所示)
	RepeatDirection	Horizontal

续表

控 件	属 性 名	属 性 值
TextBox 控件	ID	csrq
	Columns	10
	MaxLength	10
ImageButton 控件	ID	ImageButton1
	ImageUrl	~/Images/LuCalendar.bmp
Calendar 控件	ID	Calendar1
	Visible	False
TextBox 控件	ID	jbgz
	Columns	8
	MaxLength	8
	Text	0.00
TextBox 控件	ID	gwjt
	Columns	8
	MaxLength	8
	Text	0.00
Button 控件	ID	Button1
	Text	确定
Button 控件	ID	Button2
	Text	取消
	CausesValidation	False

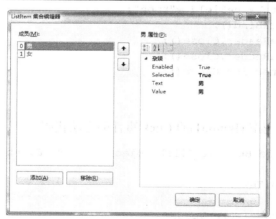

图 8-39 ListItem 集合编辑器

(3) 编写程序代码。
① 添加对有关命名空间的引用。

```
using System.Configuration;
```

```csharp
using System.Data;
using System.Data.SqlClient;
```

② 定义页面级的变量。

```csharp
string myBh, myXm, myXb, myCsrq, myJbgz, myGwjt, myBm;
string myConnectionString, mySQL;
SqlConnection myConnection;
SqlCommand myCommand;
SqlDataReader myDataReader;
```

③ 编写页面 Load 事件的方法代码。

```csharp
protected void Page_Load(object sender, EventArgs e)
{
    if ((string)Session["usertype"] != "系统管理员" && (string)Session
       ["usertype"] != "普通用户")
    {
        Response.Redirect("noAuthority.aspx");
    }
    if (!IsPostBack)
    {
        myConnectionString = ConfigurationManager.ConnectionStrings
            ["rsqlConnectionString"].ConnectionString;
        myConnection = new SqlConnection(myConnectionString);
        myConnection.Open();
        mySQL = "select bmbh,bmmc from bmb order by bmbh";
        myCommand = new SqlCommand(mySQL, myConnection);
        myDataReader = myCommand.ExecuteReader();
        bm.DataSource = myDataReader;
        bm.DataTextField = "bmmc";
        bm.DataValueField ="bmbh";
        bm.DataBind();
        myDataReader.Close();
        myDataReader.Close();
        myConnection.Close();
    }
}
```

④ 编写"确定"按钮(Button1)的 Click 事件的方法代码。

```csharp
protected void Button1_Click(object sender, EventArgs e)
{
    myBh = bh.Text;
    myXm = xm.Text;
    myXb = xb.SelectedValue;
    myCsrq = csrq.Text;
    myJbgz = jbgz.Text;
    myGwjt = gwjt.Text;
    myBm = bm.SelectedValue;
    if (myCsrq.Length == 0)
        myCsrq = "NULL";
```

```
            else
            {
                try
                {
                    DateTime.Parse(myCsrq);
                }
                catch
                {
                    myCsrq = "NULL";
                }
            }
            if (myJbgz.Length == 0)
                myJbgz = "0.00";
            else
            {
                try
                {
                    Decimal.Parse(myJbgz);
                }
                catch
                {
                    myJbgz = "0.00";
                }
            }
            if (myGwjt.Length == 0)
                myGwjt = "0.00";
            else
            {
                try
                {
                    Decimal.Parse(myGwjt);
                }
                catch
                {
                    myGwjt = "0.00";
                }
            }
            myConnectionString = ConfigurationManager.ConnectionStrings
                ["rsglConnectionString"].ConnectionString;
            myConnection = new SqlConnection(myConnectionString);
            myConnection.Open();
            mySQL = "SELECT * FROM zgb WHERE bh='" + myBh + "'";
            myCommand = new SqlCommand(mySQL, myConnection);
            myDataReader = myCommand.ExecuteReader();
            if (myDataReader.HasRows)
            {
                Response.Write("<script>alert('该编号已经存在！');</script>");
                bh.Focus();
                return;
            }
```

```
    myDataReader.Close();
    mySQL = "INSERT INTO zgb(bh,xm,xb,csrq,jbgz,gwjt,bm)";
    mySQL += " VALUES('" + myBh + "','" + myXm + "','" + myXb + "','"
        + myCsrq + "'";
    mySQL += "," + myJbgz + "," + myGwjt + ",'" + myBm + "')";
    mySQL=mySQL.Replace(@"'NULL'", "NULL");
    myCommand = new SqlCommand(mySQL, myConnection);
    if (myCommand.ExecuteNonQuery() > 0)
        Response.Redirect("success.aspx");
    else
        Response.Redirect("error.aspx");
}
```

⑤ 编写"取消"按钮(Button2)的 Click 事件的方法代码。

```
protected void Button3_Click(object sender, EventArgs e)
{
    Response.Redirect("home.aspx");
}
```

⑥ 编写 ImageButton1 控件的 Click 事件的方法代码。

```
protected void ImageButton1_Click(object sender, ImageClickEventArgs e)
{
    if (Calendar1.Visible)
        Calendar1.Visible = false;
    else
        Calendar1.Visible = true;
}
```

⑦ 编写 Calendar1 控件的 SelectionChanged 事件的方法代码。

```
protected void Calendar1_SelectionChanged(object sender, EventArgs e)
{
    csrq.Text = Calendar1.SelectedDate.ToString("yyyy-MM-dd");
    Calendar1.Visible = false;
}
```

2. 职工维护

在系统主界面中单击"职工维护"链接，将打开如图 8-40 所示的"职工管理"页面。该页面以分页的方式显示出系统的有关职工记录(在此为每页显示 2 个职工记录)，并支持按编号或姓名对职工进行模糊查询，同时提供了增加新职工以及对各个职工进行删除或修改操作的链接。其中，"增加"链接的作用与系统主界面中的"职工增加"链接是一样的。

● 为查询职工，只需在"职工管理"页面的"查询条件"文本框中输入相应的查询条件，并选中"编号"或"姓名"单选按钮，然后再单击"查询"按钮即可(如图 8-41 所示)。

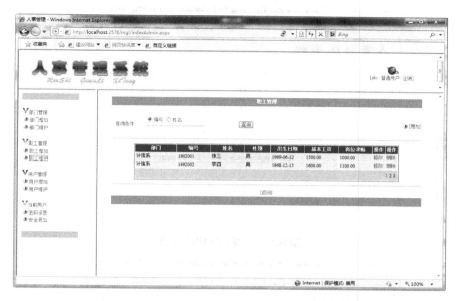

图 8-40 "职工管理"页面

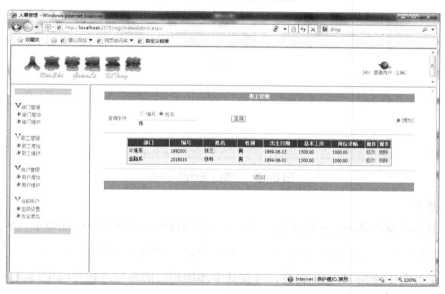

图 8-41 "职工查询"页面

- 为修改职工,只需在职工列表中单击相应职工后的"修改"链接,打开如图 8-42 所示的"职工修改"页面,并在其中进行相应的修改,最后再单击"确定"按钮即可。注意,职员的编号是不能修改的。
- 为删除职工,只需在职工列表中单击相应职工后的"删除"链接,打开如图 8-43 所示的"职工删除"页面,然后再单击"确定"按钮即可。

职工维护功能的实现过程如下所述。

(1) 在站点根目录下创建一个新的 ASP.NET 页面 zgSelect.aspx。

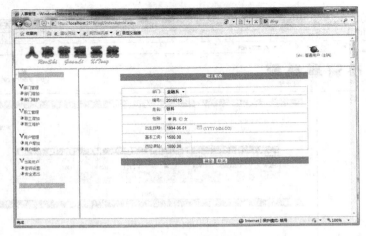

图 8-42 "职工修改"页面

图 8-43 "职工删除"页面

界面设计：

① 添加对 stylesheet.css 的引用。为此，可在页面的 head 部分添加以下代码：

`<link href="stylesheet.css" rel="stylesheet" type="text/css" />`

② 在页面中添加 HTML 表格，并在其中添加相应的内容或控件(如图 8-44 所示)。各有关控件及其主要属性的设置如表 8-20 所示。

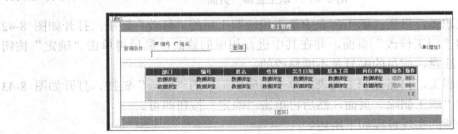

图 8-44 zgSelect.aspx 页面的控件

表 8-20　有关控件及其主要属性设置

控　件	属　性　名	属　性　值
Label 控件	Text	职工管理
	Font-Bold	True
	ForeColor	White
RadioButtonList 控件	ID	bhorxm
	Items	通过 ListItem 集合编辑器添加各个选项(即"编号"与"姓名",其取值分别为 bh 与 xm),并设置其有关属性(如图 8-45 所示)
	RepeatDirection	Horizontal
TextBox 控件	ID	jstj
	Columns	20
Button 控件	ID	Button1
	Text	查询
Image 控件	ImageUrl	~/Images/LuArrow.gif
	ImageAlign	AbsMiddle
HyperLink 控件	Text	[增加]
	NavigateUrl	~/zgAdd.aspx
GridView 控件	ID	GridView1
	AllowPaging	True
	AutoGenerateColumns	False
	DataKeyNames	bh
	PageSize	2
HyperLink 控件	Text	[返回]
	NavigateUrl	~/home.aspx

图 8-45　ListItem 集合编辑器

③ 选中的 GridView1 控件,打开其 GridView 任务栏,选用某种预定义格式后,再

单击"编辑列"链接,打开"字段"对话框(如图 8-46 所示),然后依次添加相应类别的字段(在此为 BoundField 与 HyperLinkField),并设置好各个字段的有关属性与先后次序(如表 8-21 所示),最后再单击"确定"按钮,关闭"字段"对话框。

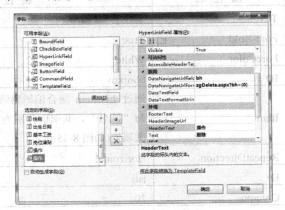

图 8-46 "字段"对话框

表 8-21 有关字段及其主要属性设置

序 号	类 别	属 性 名	属 性 值
1	BoundField	DataField	bmmc
		HeaderText	部门
2	BoundField	DataField	bh
		HeaderText	编号
3	BoundField	DataField	xm
		HeaderText	姓名
4	BoundField	DataField	xb
		HeaderText	性别
5	BoundField	DataField	csrq
		HeaderText	出生日期
		DataFormatString	{0:d}
6	BoundField	DataField	jbgz
		HeaderText	基本工资
7	BoundField	DataField	gwjt
		HeaderText	岗位津贴
8	HyperLinkField	DataNavigateUrlFields	bh
		DataNavigateUrlFormatString	zgUpdate.aspx?bh={0}
		HeaderText	操作
		Text	修改
9	HyperLinkField	DataNavigateUrlFields	bh
		DataNavigateUrlFormatString	zgDelete.aspx?bh={0}
		HeaderText	操作
		Text	删除

第 8 章 ASP.NET 应用案例

程序代码：

① 添加对有关命名空间的引用。

```csharp
using System.Configuration;
using System.Data;
using System.Data.SqlClient;
```

② 定义页面级的变量。

```csharp
string myConnectionString, mySQL;
SqlConnection myConnection;
SqlDataAdapter myDataAdapter;
DataSet myDataSet;
```

③ 编写自定义方法 Bind 的代码。

```csharp
public void Bind()
{
    myConnectionString = ConfigurationManager.ConnectionStrings
        ["rsglConnectionString"].ConnectionString;
    myConnection = new SqlConnection(myConnectionString);
    myConnection.Open();
    mySQL = "SELECT bmmc,bh,xm,xb,csrq,jbgz,gwjt FROM zgb,bmb";
    switch (bhorxm.SelectedValue)
    {
        case "bh":
            mySQL += " WHERE bh like '%" + jstj.Text + "%'";
            break;
        case "xm":
            mySQL += " WHERE xm like '%" + jstj.Text + "%'";
            break;
    }
    mySQL += "AND zgb.bm=bmb.bmbh ORDER BY bh";
    myDataAdapter = new SqlDataAdapter(mySQL, myConnection);
    myDataSet = new DataSet();
    myDataAdapter.Fill(myDataSet);
    GridView1.DataSource = myDataSet;
    GridView1.DataBind();
    myConnection.Close();
}
```

④ 编写页面 Load 事件的方法代码。

```csharp
protected void Page_Load(object sender, EventArgs e)
{
    if ((string)Session["usertype"] != "系统管理员" &&
        (string)Session["usertype"] != "普通用户")
    {
        Response.Redirect("noAuthority.aspx");
    }
    if (!IsPostBack)
    {
        if (Session["zgjsfs"] != null)
        {
```

```
            bhorxm.SelectedValue = Session["zgjsfs"].ToString();
        }
        if (Session["zgjstj"] != null)
        {
            jstj.Text = Session["zgjstj"].ToString();
        }
        Bind();
    }
}
```

⑤ 编写"查询"按钮(Button1)的 Click 事件的方法代码。

```
protected void Button1_Click(object sender, EventArgs e)
{
    Session["zgjsfs"] = bhorxm.SelectedValue;
    Session["zgjstj"] = jstj.Text;
    Bind();
}
```

⑥ 编写 GridView1 控件的 PageIndexChanging 事件的方法代码。

```
protected void GridView1_PageIndexChanging(object sender,
   GridViewPageEventArgs e)
{
    GridView1.PageIndex = e.NewPageIndex;
    Bind();
}
```

(2) 在站点根目录下创建一个新的 ASP.NET 页面 zgUpdate.aspx。

界面设计：

① 添加对 stylesheet.css 的引用。为此，可在页面的 head 部分添加以下代码：

```
<link href="stylesheet.css" rel="stylesheet" type="text/css" />
```

② 在页面中添加 HTML 表格，并在其中添加相应的内容或控件(如图 8-47 所示)。各有关控件及其主要属性的设置如表 8-22 所示。

图 8-47 zgUpdate.aspx 页面的控件

表 8-22 有关控件及其主要属性设置

控 件	属 性 名	属 性 值
Label 控件	Text	职工修改
	Font-Bold	True
	ForeColor	White
DropDownList 控件	ID	bm
TextBox 控件	ID	bh
	Columns	7
	MaxLength	7
	ReadOnly	True
RequiredFieldValidator 控件	ControlToValidate	bh
	Text	*编号不能为空!
	ForeColor	Red
	SetFocusOnError	True
	Display	Dynamic
TextBox 控件	ID	xm
	Columns	10
	MaxLength	10
RequiredFieldValidator 控件	ControlToValidate	xm
	Text	*姓名不能为空!
	ForeColor	Red
	SetFocusOnError	True
	Display	Dynamic
RadioButtonList 控件	ID	xb
	Items	通过 ListItem 集合编辑器添加各个选项(即"男"与"女")并设置其有关属性(如图 8-39 所示)
	RepeatDirection	Horizontal
TextBox 控件	ID	csrq
	Columns	10
	MaxLength	10
ImageButton 控件	ID	ImageButton1
	ImageUrl	~/Images/LuCalendar.bmp
Calendar 控件	ID	Calendar1
	Visible	False
TextBox 控件	ID	jbgz
	Columns	8
	MaxLength	8

续表

控件	属性名	属性值
TextBox 控件	ID	gwjt
	Columns	8
	MaxLength	8
Button 控件	ID	Button1
	Text	确定
Button 控件	ID	Button2
	Text	取消
	CausesValidation	False

程序代码：

① 添加对有关命名空间的引用。

```
using System.Configuration;
using System.Data;
using System.Data.SqlClient;
```

② 定义页面级的变量。

```
string myBh, myXm, myXb, myCsrq, myJbgz, myGwjt, myBm;
string myConnectionString, mySQL;
SqlConnection myConnection;
SqlCommand myCommand;
SqlDataReader myDataReader;
```

③ 编写页面 Load 事件的方法代码。

```
protected void Page_Load(object sender, EventArgs e)
{
    if ((string)Session["usertype"] != "系统管理员" &&
        (string)Session["usertype"] != "普通用户")
    {
        Response.Redirect("noAuthority.aspx");
    }
    if (!IsPostBack)
    {
        myConnectionString = ConfigurationManager.ConnectionStrings
            ["rsglConnectionString"].ConnectionString;
        myConnection = new SqlConnection(myConnectionString);
        myConnection.Open();
        mySQL = "select bmbh,bmmc from bmb order by bmbh";
        myCommand = new SqlCommand(mySQL, myConnection);
        myDataReader = myCommand.ExecuteReader();
        bm.DataSource = myDataReader;
        bm.DataTextField = "bmmc";
        bm.DataValueField = "bmbh";
        bm.DataBind();
        myDataReader.Close();
```

```
myBh = Request.QueryString["bh"];
mySQL = "SELECT * FROM zgb WHERE bh='" + myBh + "'";
myCommand = new SqlCommand(mySQL, myConnection);
myDataReader = myCommand.ExecuteReader();
myDataReader.Read();
bm.SelectedValue = myDataReader["bm"].ToString();
bh.Text = myDataReader["bh"].ToString().Trim();
xm.Text = myDataReader["xm"].ToString().Trim();
xb.SelectedValue = myDataReader["xb"].ToString();
myCsrq = myDataReader["csrq"].ToString().Trim();
if (myCsrq.Length != 0)
{
    try
    {
        csrq.Text = Convert.ToDateTime(myCsrq).ToString("yyyy-MM-dd");
        Calendar1.VisibleDate = Convert.ToDateTime(myCsrq);
    }
    catch
    {
    }
}
jbgz.Text = myDataReader["jbgz"].ToString().Trim();
gwjt.Text = myDataReader["gwjt"].ToString().Trim();
myDataReader.Close();
myConnection.Close();
}
}
```

④ 编写"确定"按钮(Button1)的 Click 事件的方法代码。

```
protected void Button1_Click(object sender, EventArgs e)
{
    myBh = bh.Text;
    myXm = xm.Text;
    myXb = xb.SelectedValue;
    myCsrq = csrq.Text;
    myJbgz = jbgz.Text;
    myGwjt = gwjt.Text;
    myBm = bm.SelectedValue;
    if (myCsrq.Length == 0)
        myCsrq = "NULL";
    else
    {
        try
        {
            DateTime.Parse(myCsrq);
        }
        catch
        {
            myCsrq = "NULL";
        }
```

```
        }
        if (myJbgz.Length == 0)
            myJbgz = "0.00";
        else
        {
            try
            {
                Decimal.Parse(myJbgz);
            }
            catch
            {
                myJbgz = "0.00";
            }
        }
        if (myGwjt.Length == 0)
            myGwjt = "0.00";
        else
        {
            try
            {
                Decimal.Parse(myGwjt);
            }
            catch
            {
                myGwjt = "0.00";
            }
        }
        myConnectionString = ConfigurationManager.ConnectionStrings
            ["rsglConnectionString"].ConnectionString;
        myConnection = new SqlConnection(myConnectionString);
        myConnection.Open();
        mySQL = "UPDATE zgb SET bm='" + myBm + "',bh='" + myBh + "',xm='"
            + myXm + "',xb='" + myXb + "'";
        mySQL += ",csrq='" + myCsrq + "',jbgz=" + myJbgz + ",gwjt=" +
            myGwjt;
        mySQL += " WHERE bh='" + myBh + "'";
        mySQL = mySQL.Replace(@"'NULL'", "NULL");
        myCommand = new SqlCommand(mySQL, myConnection);
        myCommand.ExecuteNonQuery();
        myConnection.Close();
        Response.Redirect("zgSelect.aspx");
    }
```

⑤ 编写"取消"按钮(Button2)的 Click 事件的方法代码。

```
protected void Button2_Click(object sender, EventArgs e)
{
    Response.Redirect("zgSelect.aspx");
}
```

⑥ 编写 ImageButton1 控件的 Click 事件的方法代码。

```
protected void ImageButton1_Click(object sender, ImageClickEventArgs e)
{
    if (Calendar1.Visible)
        Calendar1.Visible = false;
    else
        Calendar1.Visible = true;
}
```

⑦ 编写 Calendar1 控件的 SelectionChanged 事件的方法代码。

```
protected void Calendar1_SelectionChanged(object sender, EventArgs e)
{
    csrq.Text = Calendar1.SelectedDate.ToString("yyyy-MM-dd");
    Calendar1.Visible = false;
}
```

(3) 在站点根目录下创建一个新的 ASP.NET 页面 zgDelete.aspx。

界面设计：

① 添加对 stylesheet.css 的引用。为此，可在页面的 head 部分添加以下代码：

`<link href="stylesheet.css" rel="stylesheet" type="text/css" />`

② 在页面中添加 HTML 表格，并在其中添加相应的内容或控件(如图 8-48 所示)。各有关控件及其主要属性的设置如表 8-23 所示。

图 8-48　zgDelete.aspx 页面的控件

表 8-23　有关控件及其主要属性设置

控　件	属　性　名	属　性　值
Label 控件	Text	职工删除
	Font-Bold	True
	ForeColor	White
DropDownList 控件	ID	Bm
	Enabled	False

控件	属性名	属性值
TextBox 控件	ID	bh
	Columns	7
	MaxLength	7
	ReadOnly	True
TextBox 控件	ID	xm
	Columns	10
	MaxLength	10
	ReadOnly	True
RadioButtonList 控件	ID	xb
	Items	通过 ListItem 集合编辑器添加各个选项(即"男"与"女")并设置其有关属性(如图 8-39 所示)
	RepeatDirection	Horizontal
	Enabled	False
TextBox 控件	ID	csrq
	Columns	10
	MaxLength	10
	ReadOnly	True
ImageButton 控件	ID	ImageButton1
	ImageUrl	~/Images/LuCalendar.bmp
	Visible	False
Calendar 控件	ID	Calendar1
	Visible	False
TextBox 控件	ID	jbgz
	Columns	8
	MaxLength	8
	ReadOnly	True
TextBox 控件	ID	gwjt
	Columns	8
	MaxLength	8
	ReadOnly	True
Button 控件	ID	Button1
	Text	确定
Button 控件	ID	Button2
	Text	取消
	CausesValidation	False

程序代码：
① 添加对有关命名空间的引用。

```
using System.Configuration;
using System.Data;
using System.Data.SqlClient;
```

② 定义页面级的变量。

```
string myBh, myXm, myXb, myCsrq, myJbgz, myGwjt, myBm;
string myConnectionString, mySQL;
SqlConnection myConnection;
SqlCommand myCommand;
SqlDataReader myDataReader;
```

③ 编写页面 Load 事件的方法代码。

```
protected void Page_Load(object sender, EventArgs e)
{
    if ((string)Session["usertype"] != "系统管理员" &&
        (string)Session["usertype"] != "普通用户")
    {
        Response.Redirect("noAuthority.aspx");
    }
    if (!IsPostBack)
    {
        myConnectionString = ConfigurationManager.ConnectionStrings
            ["rsglConnectionString"].ConnectionString;
        myConnection = new SqlConnection(myConnectionString);
        myConnection.Open();
        mySQL = "select bmbh,bmmc from bmb order by bmbh";
        myCommand = new SqlCommand(mySQL, myConnection);
        myDataReader = myCommand.ExecuteReader();
        bm.DataSource = myDataReader;
        bm.DataTextField = "bmmc";
        bm.DataValueField = "bmbh";
        bm.DataBind();
        myDataReader.Close();
        myBh = Request.QueryString["bh"];
        mySQL = "SELECT * FROM zgb WHERE bh='" + myBh + "'";
        myCommand = new SqlCommand(mySQL, myConnection);
        myDataReader = myCommand.ExecuteReader();
        myDataReader.Read();
        bm.SelectedValue = myDataReader["bm"].ToString();
        bh.Text = myDataReader["bh"].ToString().Trim();
        xm.Text = myDataReader["xm"].ToString().Trim();
        xb.SelectedValue = myDataReader["xb"].ToString();
        myCsrq = myDataReader["csrq"].ToString().Trim();
        if (myCsrq.Length != 0)
        {
            try
            {
```

```
                csrq.Text = Convert.ToDateTime(myCsrq).ToString("yyyy-MM-dd");
                Calendar1.VisibleDate = Convert.ToDateTime(myCsrq);
            }
            catch
            {
            }
        }
        jbgz.Text = myDataReader["jbgz"].ToString().Trim();
        gwjt.Text = myDataReader["gwjt"].ToString().Trim();
        myDataReader.Close();
        myConnection.Close();
    }
```

④ 编写"确定"按钮(Button1)的 Click 事件的方法代码。

```
protected void Button1_Click(object sender, EventArgs e)
{
    myBh = bh.Text;
    myConnectionString = ConfigurationManager.ConnectionStrings
        ["rsglConnectionString"].ConnectionString;
    myConnection = new SqlConnection(myConnectionString);
    myConnection.Open();
    mySQL = "DELETE FROM zgb WHERE bh='" + myBh + "'";
    myCommand = new SqlCommand(mySQL, myConnection);
    myCommand.ExecuteNonQuery();
    myConnection.Close();
    Response.Redirect("zgSelect.aspx");
}
```

⑤ 编写"取消"按钮(Button2)的 Click 事件的方法代码。

```
protected void Button2_Click(object sender, EventArgs e)
{
    Response.Redirect("zgSelect.aspx");
}
```

⑥ 编写 ImageButton1 控件的 Click 事件的方法代码。

```
protected void ImageButton1_Click(object sender, ImageClickEventArgs e)
{
    if (Calendar1.Visible)
        Calendar1.Visible = false;
    else
        Calendar1.Visible = true;
}
```

⑦ 编写 Calendar1 控件的 SelectionChanged 事件的方法代码。

```
protected void Calendar1_SelectionChanged(object sender, EventArgs e)
{
    csrq.Text = Calendar1.SelectedDate.ToString("yyyy-MM-dd");
    Calendar1.Visible = false;
}
```

本 章 小 结

本章以一个简单的人事管理系统为例，分析了系统的基本需求与用户类型，完成了系统的功能模块设计与数据库结构设计，并采用 ASP.NET+SQL Server 模式加以实现。通过本章的学习，应了解 Web 应用系统开发的主要过程，并进一步掌握相关的 ASP.NET 应用开发技术。

思 考 题

1. 如何判断用户是否已成功登录系统？
2. 在系统中如何控制用户的操作权限？
3. 系统中的各个模块一般应包含哪几项功能？
4. 如何简化本章所实现的人事管理系统的程序代码？
5. 如何完善本章所实现的人事管理系统的系统功能？

附录 A

实验指导

实验 1　ASP.NET 网站的创建与部署

一、实验目的

1．熟悉 Visual Studio 2008/2010 开发环境，掌握其常用功能与基本操作。
2．掌握 ASP.NET 网站的创建方法以及 ASP.NET 页面的设计过程。
3．掌握 ASP.NET 程序运行环境的搭建方法以及 ASP.NET 网站的部署方法。

二、实验内容

1．创建一个 ASP.NET 网站。
【提示】可参考实例 1-2。
2．设计一个可显示问候语及当前时间的 ASP.NET 页面 HelloUser.aspx(如图 A-1 所示)。

(a)　　　　　　　　　　　　　　　　(b)

图 A-1　Hello 界面

【提示】可参考实例 1-5。
3．搭建 ASP.NET 程序的运行环境，完成 ASP.NET 网站的部署操作，并通过浏览器直接访问 HelloUser.aspx 页面。
【提示】可参考实例 1-6。

实验 2　C#基本程序的设计

一、实验目的

1．了解 C#的基础知识与语法规则。
2．掌握 C#中分支结构与循环结构程序的设计方法。
3．掌握 C#中异常处理的基本技术。

二、实验内容

1．设计一个可动态显示问候语及当前时间的 ASP.NET 页面 Hello.aspx(如图 A-2 所示)。要求：时间在 6 点以前显示"早上好！"，在 6 点至 12 点之间显示"上午好！"，在 12 点至 14 点之间显示"中午好！"，在 14 点至 18 点之间显示"下午好！"，在 18

点之后显示"晚上好!"。

【提示】可参考实例 2-1。

2. 设计一个可计算任意两个整数间的偶数和的 ASP.NET 页面 Sum.aspx(如图 A-3 所示)。

【提示】可参考实例 2-2、实例 2-3、实例 2-5 与实例 2-7。

图 A-2　Hello 页面　　　　　　　　　　图 A-3　Sum 页面

实验 3　ASP.NET 服务器控件的使用

一、实验目的

理解并掌握 ASP.NET 中各种常用服务器控件的使用方法。

二、实验内容

1. 设计一个系统登录页面(如图 A-4 所示)。要求:单击"确定"按钮后,可显示当前所输入的用户名与密码;单击"重置"按钮后,则清除当前所输入的用户名与密码。

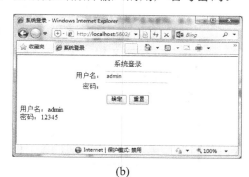

(a)　　　　　　　　　　　　　　　　　(b)

图 A-4　系统登录

【提示】可参考实例 3-4。

2. 设计一个学生信息页面(如图 A-5 所示)。要求:性别预先选中"男",政治面貌预先选中"团员",特长爱好预先选中"篮球""足球"与"羽毛球","年"下拉列表框的预选项为当前系统日期所在的年份(其选项为 1900 至 2100),"月"下拉列表框的预选项为当前系统日期所在的月份,"出生日期"日历控件默认选中当前系统日期。单击"提交"按钮后,可显示当前学生的有关信息;单击"重置"按钮后,则恢复表单的初始状态。

ASP.NET 应用开发实例教程

(a)

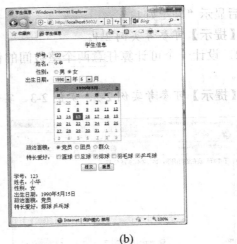
(b)

图 A-5　学生信息

【提示】可参考实例 3-4、实例 3-7、实例 3-8、实例 3-9、实例 3-10、实例 3-11、实例 3-12、实例 3-13 与实例 3-17。

3．设计一个动态选择并显示头像的页面(如图 A-6 所示)。

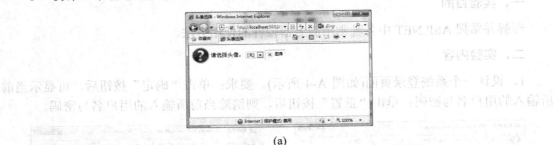
(a)

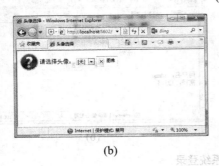
(b)

(c)

图 A-6　头像选择

【提示】可参考实例 3-14。

4．设计一个学生注册页面(如图 A-7 所示)。要求：在进行注册时，必须输入学号、姓名、密码与确认密码，且确认密码与密码必须相同；单击"提交"按钮后，可显示当前学生的有关信息；单击"重置"按钮后，则恢复表单的初始状态。

附录 A　实验指导

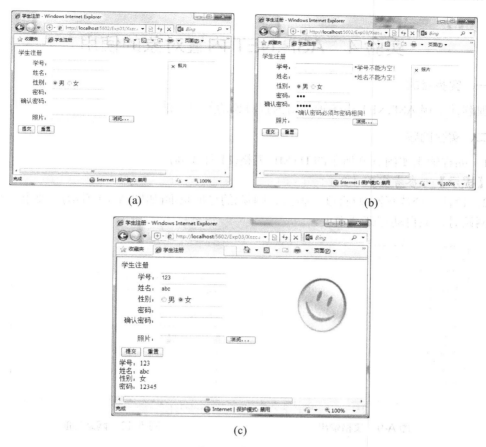

图 A-7　学生注册

【提示】可参考实例 3-4、实例 3-10、实例 3-11、实例 3-14、实例 3-18 与实例 3-21。

5．设计一个学生成绩页面(如图 A-8 所示)。要求：必须输入姓名，且成绩必须在 0～100 之间。

图 A-8　学生成绩

【提示】可参考实例 3-4 与实例 3-21。

实验 4　ASP.NET 内置对象的使用

一、实验目的

理解并掌握 ASP.NET 中各种常用内置对象的使用方法。

二、实验内容

1. 编程输出如图 A-9 所示的 HTML 表格(11 行 3 列)。

   【提示】可参考实例 4-2。

2. 设计一个选择网站(百度、搜狐、网易)的导航页面(如图 A-10 所示)。要求：在选中某个网站时，能自动打开其主页。

图 A-9　表格输出

图 A-10　网站导航

   【提示】可参考实例 4-5。

3. 设计一个系统登录页面(如图 A-11 所示)。要求：单击"确定"按钮后，可在其处理页面中显示当前所输入的用户名与密码；单击"重置"按钮后，则清除当前所输入的用户名与密码。

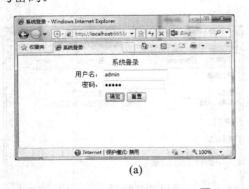
(a)

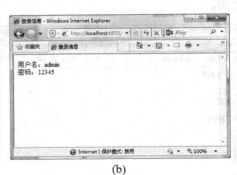
(b)

图 A-11　系统登录

   【提示】可参考实例 4-8 与实例 4-9。

4. 设计一个计数器(如图 A-12 所示)，要求显示当前网站的访问次数及当前用户的访问次数。

图 A-12 计数器

【提示】可参考实例 4-14、实例 4-17 与实例 4-18。

5. 设计一个简单的聊天室(如图 A-13 所示)。要求：(1)能显示当前的在线人数；(2)能选择文字的显示颜色。

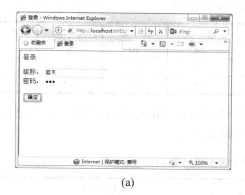
(a)

(b)

图 A-13 聊天室

【提示】可参考实例 4-2、实例 4-23 与实例 4-24。

6. 设计一个可传递任意参数值的页面(如图 A-14 所示)。要求：以 URL 方式进行参数传递，并在处理页面中显示所传递的参数值。

(a)

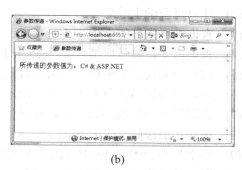
(b)

图 A-14 参数传递

【提示】可参考实例 4-27。

实验 5　SQL Server 数据库与 SQL 语句的使用

一、实验目的

1. 掌握 SQL Server 2008 数据库的基本管理技术，包括数据库与表的创建与维护等。
2. 掌握各种常用 SQL 语句的基本用法。

二、实验内容

1. 在 SQL Server 2008 中，创建一个学生数据库 student。
2. 在学生数据库 student 中创建两个表。

(1) 成绩表 score。各字段名依次为 xh、xm、yw、sx、yy、zf、bh，其中 xh(学号)、bh(班号)的类型分别为 char(11)、char(9)，主键为 xh。有关记录如表 A-1 所示。

表 A-1　成绩表 score 的记录

学　号	姓　名	班　号	语文	数学	英语	总　分
20120101101	张三	201201011	85	89	76	
20120101102	李四	201201011	79	78	79	
20120101201	王五	201201012	82	75	67	

(2) 班级表 class。各字段名依次为 bjbh(班级编号)、bjmc(班级名称)，其类型分别为 char(9)、varcher(20)，主键为 bjbh。有关记录如表 A-2 所示。

表 A-2　班级表 class 的记录

班级编号	班级名称
201201011	02 计应一
201201012	02 计应二

3. 按要求编写并执行相应的 SQL 语句。

(1) 添加一个班级记录与相应的两个学生记录。
(2) 计算每个学生的总分。
(3) 查询姓"张"的学生。
(4) 查询语文、数学成绩均大于 75 分的记录。
(5) 按总分从高到低的顺序查询所有记录。
(6) 查询学号最后两位为"01"的记录。
(7) 查询每个学生的信息，包括其总分、平均分与所在的班级名称。
(8) 统计各班级的学生人数。
(9) 将学号为 20120909101 的学生的姓名修改为"赵一"。
(10) 删除学号为 20120909101 的学生记录。
(11) 创建一个视图 v_xs，能查询学生的学号、姓名及所在班级的名称。
(12) 创建一个存储过程 proc_xscj，能根据学生的学号，返回该学生的姓名及平均成绩。

(13) 调用存储过程 proc_xscj。

(14) 创建一个存储过程 proc_bjrs，能根据班级的名称，返回该班级的编号与学生人数。

(15) 调用存储过程 proc_bjrs。

4．分离学生数据库 student。

5．附加学生数据库 student。

实验 6　ADO.NET 与数据访问控件的使用

一、实验目的

理解并掌握 ADO.NET 与常用数据访问控件的使用方法。

二、实验内容

1．设计一个成绩增加页面(如图 A-15 所示)，其功能为添加学生的成绩。要求使用 Command 与 DataReader 对象。

【提示】可参考实例 6-3 与实例 6-6。

2．设计一个以 HTML 表格显示所有学生信息的页面(如图 A-16 所示)。要求使用 Command 与 DataReader 对象。

【提示】可参考实例 6-5。

图 A-15　成绩增加

图 A-16　学生信息

3．设计一个成绩管理页面(如图 A-17 所示)。要求使用 GridView 控件并以编程方式实现学生成绩管理的有关功能，包括记录的选择、编辑、删除与分页显示。

图 A-17　成绩管理

【提示】可参考实例 6-9。

4. 设计一个成绩增加页面(如图 A-18 所示)。要求使用 DataSet 实现学生成绩记录的添加。

图 A-18　成绩增加

【提示】可参考实例 6-6 与实例 6-12。

实验 7　ASP.NET AJAX 控件的使用

一、实验目的

理解并掌握 ASP.NET AJAX 服务器端控件的使用方法。

二、实验内容

1. 设计一个显示系统时间的页面(如图 A-19 所示)。要求：①单击"刷新"按钮时，可刷新整个页面，同时更新所有的系统时间；②单击"系统时间 1"后的"更新"按钮时，只更新系统时间 1；③单击"系统时间 2"后的"更新"按钮时，更新系统时间 2；④单击"更新系统时间1与系统时间2"按钮时，同时更新系统时间 1 与系统时间 2。

图 A-19　系统时间

【提示】可参考实例7-1。

2．设计一个读秒器页面(如图 A-20 所示)。要求：①单击"开始/继续"按钮时开始或继续计时；②单击"暂停/结束"按钮时暂停或结束计时；③更新计时结果时无需刷新整个页面。

(a)

(b)

图 A-20　读秒器

【提示】可参考实例7-3。

实验 8　ASP.NET 应用系统的设计与实现

一、实验目的

1．通过 ASP.NET 应用系统(学生成绩管理系统)的实际开发，切实掌握基于 ASP.NET 的 Web 应用系统开发技术。

2．了解 Web 应用系统的开发过程，积累相应的系统开发经验。

二、实验内容

参照教学示例，自行设计并实现一个基于 Web 的学生成绩管理系统。系统的基本功能如下。

1．班级管理。包括班级的增加、修改、删除、查询等。
2．学生管理。包括学生的增加、修改、删除、查询等。
3．课程管理。包括课程的增加、修改、删除、查询等。
4．成绩管理。包括成绩的增加、修改、删除、查询等。
5．用户管理。包括用户的增加、修改、删除、查询等。

【注意】系统用户的类型不同，其操作权限也应有所不同。此外，要确保班号、学号、课程号及用户名的唯一性。

附录 A 实验指导

[提示] 可参考实例7-1。

2. 设计一个播放器页面(如图A-20所示)，要求：① 单击"开始播放"按钮时，按钮图片变成选择播放时间：② 单击"暂停"按钮时，按钮图片变成继续播放；③ 可应用弹出界面无需刷新整个页面。

图 A-20 播放器

[提示] 可参考实例7-3。

实验 8 ASP.NET 应用系统的设计与实现

一、实验目的

1. 通过 ASP.NET 应用系统(学生成绩管理系统)的实际开发，初步掌握基于 ASP.NET 的 Web 应用系统开发技术。

2. 了解 Web 应用系统的开发过程，掌握相应的系统开发经验。

二、实验内容

根据教学要求，自行设计并实现一个基于 Web 的学生成绩管理系统。系统的基本功能如下：

1. 机构管理：包括机构的增加、修改、删除、查询等。
2. 学生管理：包括学生的增加、修改、删除、查询等。
3. 课程管理：包括课程的增加、修改、删除、查询等。
4. 成绩管理：包括成绩的增加、修改、删除、查询等。
5. 用户管理：包括用户的增加、修改、删除、查询等。

[注意] 不同用户的权限不同，其操作权限也不尽相同，例如，普通学生只能查看学习成绩和个人的修改。